Ueber den Ursprung der Vulkane in Italien

von

Rudolph von Przystanowski.

Berlin, 1822.
Gedruckt und verlegt
bei G. Reimer.

Vorrede.

Die Grundzüge dieser Abhandlung wurden der mineralogischen Gesellschaft zu Dresden am 27sten November vorigen Jahres von mir vorgelesen. Sie ist ein Bruchstück meiner geognostischen Beobachtungen in Italien während eines fünfjährigen Aufenthalts daselbst, vom Jahre 1815 bis 1820.

Es war nicht gut möglich diese Arbeit mit einer besonderen Karte zu begleiten, da die allgemeine petrographische Karte von Mittel-Italien, die ich in Kurzem bekannt machen werde, auch das enthält wovon hier die Rede ist. Einstweilen kann ich die hieher gehörigen Blätter der Karte von Italien von Mannert und Stieler, bei Schneider und Weigel in Nürnberg herausgekommen, jedem empfehlen; denn die meisten der genannten Orte sind richtig darauf angegeben.

Freiberg, den 24sten Januar 1822.

Einleitung.

Wohl jeder deutsche Mineralog, der Italien besucht, hegt die größte Erwartung jene große, räthselhafte Naturerscheinung, welche die Mineralogen in zwei, zum Theil feindliche Partheien getheilt hat, kennen zu lernen, wie den Wunsch zur Enträthselung, oder doch wenigstens zur richtigern Kenntniß derselben etwas beizutragen.

Nachdem ich die Solfataren im Römischen und Neapolitanischen, so wie den Feuerstrom des Vesuvs Monate lang gesehen hatte, die Sinne also befriedigt und gesättigt waren, so daß das ruhige Forschen über das Gesehene eintreten konnte, war ich keinesweges so glücklich einen genügenden Aufschluß darüber zum Bewußtsein zu bringen. Viele mißlungene Versuche geognostische Untersuchungen in dieser Beziehung anzuknüpfen, hatten mich gelehrt, daß weder im Römischen noch in Campanien ein Anfangspunkt dazu gegeben sei, und wo anders konnte er seyn, glaubte ich, wenn nicht auf vulkanischem Grund und Boden? Deßhalb erhob sich mir die Frage, ob es überhaupt möglich sei, auf dem Wege der Beobachtung die Natur der Vulkane wirklich zu erforschen, oder ob wir uns mit bloßen Hypothesen darüber begnügen müßten. Aber die Natur der Hypothesen ist schwankend und ungewiß zu sein, öfter irre zu führen als den rechten Weg ahnden zu lassen; Unzuverläßigkeit ist ihr ganzes Wesen, und das Höchste was sie sein können, ist Stufe auf dem Wege zur Wahrheit oder Reizmittel zur Arbeit.

So geschah es, da ich keine Untersuchung anzuknüpfen wußte, und neuen Hypothesen mich zu ergeben für unnütz hielt, indem wir ja schon mehr besitzen als nöthig sind um die Aufmerksamkeit auf diese Erscheinungen rege zu erhalten, daß ich von dieser Sache mich abwandte und meine Aufmerksamkeit allein auf die allgemeinern Verhältnisse der italienischen Gebirge richtete.

Auf kleinen Reisen die ich im Jahr 1817 im Kirchenstaat, in Abruzzo und in dem anstoßenden Theil von Campanien zu diesem Zwecke anstellte, war ich unwillkührlich gezwungen wieder an die Enträthselung der vulkanischen Erscheinungen zu denken. Ein Freund der mich auf einer dieser Reisen begleitete, erzählte mir von den Macaluben und den Schwefelgruben von Girgenti. Mir fielen dabei die Salsen von Modena, das Steinöl von dort und von Parma, die Feuer von Pietramala und Barigazzo, die Fumacchien oder Lagonen bei Volterra, die Schwefelgruben von Urbino u. s. w. ein. Plötzlich wurde mir klar daß alle diese Erscheinungen untereinander und mit den italienischen Vulkanen in Zusammenhang stehen könnten, und daß eine große geognostische Untersuchung des größten Theils der Apenninischen Halbinsel, allein und sogar nur als Nebensache, diejenigen Thatsachen liefern müßte, die man mit Recht fordern kann, daß sie zur Erforschung der Natur der Vulkane von dem Geognosten ausgemittelt werden.

Dreierlei nehmlich ist, was der Geognost dem Physiker nachzuweisen hat, und worauf allein die wissenschaftliche Erforschung der Vulkane begründet werden kann.

Es muß nachgewiesen werden

1) die Niederlage der brennbaren Stoffe die das Feuer der Vulkane entzünden und unterhalten:

2) diejenige Beschaffenheit des ganzen Gebirgszuges, welche die Entzündung und Fortdauer derselben begünstigt:

3) welches die Gesteine sind, aus welchen die vulkanischen Erzeugnisse, als Laven u. dgl. durch Schmelzung oder andere Zerstörungsarten, die durch das vorhandene Feuer verursacht werden, entstehen.

Diesen Forderungen auf eine gründliche Art Genüge leisten, läßt sich nur durch eine geognostische Untersuchung des ganzen Gebirgszuges in welchem sich die Vulkane befinden. Da wir bis jetzt noch sehr wenige geognostische Untersuchungen ganzer Gebirgszüge auf ihren beiden Abfällen besitzen, so darf man sich nicht wundern, daß wir nur wenige und zerstreute Bruchstücke von den Apenninen haben. Hierdurch wurde ich veranlaßt diese Untersuchung zu unternehmen.

Während ich jetzt beschäftigt bin den Erfolg dieser so wie mehrerer anderer Arbeiten in einem zusammenhängenden Werke zur Bekanntmachung auszuarbeiten, gebe ich hier in dieser Abhandlung vorläufig ein Bruchstück daraus, welches über die Vulkane handelt, und zwar die beiden ersten der drei, vom Geognosten oben verlangten Nachweisungen enthält, nehmlich 1) die Niederlage der brennbaren Stoffe, 2) die Beschaffenheit des Gebirges, welche die Vulkane begünstigt. Denn da die dritte Nachweisung, aus welchen Gesteinen die Laven u. s. w. entstehen, eine Erörterung des Ursprungs weit verbreiteter Gebirgsarten erfordert, welche sich auf keine genügende Art ohne petrographische Karten geben läßt, und diese zu ihrer Verfertigung viele Zeit erfordern, wodurch die Erscheinung des größeren Werks verzögert wird, so muß auch diese dritte Nachweisung jenem Werke, welches die Karten begleiten, vorbehalten bleiben; in welchem man vielleicht eine um so ungetheiltere Aufmerksamkeit den Erforschungen größerer geognostischer Verhältnisse schenken dürfte, wenn in dieser Schrift ein untergeordneter, die Gemüther heftig bewegender Gegenstand größtentheils abgehandelt ist.

Niederlagen der brennbaren Stoffe.

Die geognostische Untersuchung von Mittel-Italien ergab zwei sehr bedeutende Züge von brennbaren Stoffen. Der eine von diesen Zügen läuft auf der Seite der Apenninen die dem mittelländischen Meere zugekehrt ist; der andere auf der Seite des Adriatischen Meeres hin. Deshalb kann man diesen den Adriatischen Zug, jenen den Mittelländischen nennen.

Diese Züge haben gleiches Streichen mit den Apenninen selbst, d. h. von NW. nach SO.

Der Adriatische Zug fängt in der Romagna, über Forli bei Pietra Appia an, geht in fast südöstlicher Richtung bis S. Agatha, theilt sich und geht einerseits über Urbino, Sinigaglia, Loreto unter das Adriatische Meer; anderseits über Peglia, Roccacervia, Belforte, Ascoli in die Abruzzen.

Der Mittelländische Zug fängt im Modenesischen an und geht über Barigazzo ins Volterranische, durchschneidet die Provinz Siena, geht durchs Römische über Viterbo und Rom, durchs Neapolitanische über Ischia und Puzzuoli, tritt hier unter das Meer, erscheint wieder auf den Liparischen Inseln, und geht nach Sizilien hinüber. Beide Züge werden gegen die südöstliche Seite der Streichungslinie allmählig breiter; auch laufen sie in derselben Richtung etwas auseinander, so daß sie nicht ganz vollkommen gleichlaufend sind.

Die brennbaren Stoffe dieser Züge sind Schwefel, Asphalt, Steinkohle, Schwefelmetalle. Auch den Alaunstein müssen wir hier berücksichtigen in sofern er Schwefel enthält. Nach Bergmann ist im Alaunstein die Thonerde mit Schwefel verbunden. Vauquelin nimmt schweflichtsaure Thonerde und schwefelsaures Kali darin an. In einem oryktognostisch einfachen Mineral einen zweifachen Oxydationsgrad des Schwefels anzunehmen, wäre wohl zu seltsam. Daher könnte man fast geneigt werden zu glauben, daß die Annahme der französischen Mineralogen „der Alaunstein sei ein vulkanisches Erzeugniß, entstanden aus der Schwefelsäure vulkanischer Dämpfe und dem Thon- und Kaligehalt der Laven" bei der Vauquelinschen Analyse mit eingewirkt habe. Gewiß ist daß der Alaunstein, im verschlossenen Feuer behandelt, Schwefel entwickelt; deshalb kann er zur Ernährung eines bestehenden Feuers mit beitragen. Aus dieser Rücksicht soll hier die Rede von ihm sein; indem ich der Chemie überlasse auszumitteln in welchem Zustande der Schwefel im Alaunstein enthalten ist, ob als gediegener Schwefel oder als schweflichte Säure.

Der Adriatische Zug.

Da von diesen brennbaren Stoffen der Schwefel der bedeutendste ist, so fangen wir billig mit ihm an, und zwar so, daß wir zuerst die Orte an denen er wirklich gegraben wird oder gegraben wurde, durchgehen; alsdann diejenigen Orte, wo bestimmte Anzeigen verrathen daß er vorhanden sei.

Durch Napoleons Continentalsystem wurde Sicilien, das bis dahin fast allein die Welt mit Schwefel versah, ausgeschlossen das europäische feste Land weiterhin damit zu versorgen. Das Bedürfniß zwang daher die großen Schwefelniederlagen die Mittel-Italien besitzt, zu erforschen und zu benutzen; da man sie früher nur an wenigen Punkten kannte, und auch an diesen nur spärlich benutzte. Jetzt ist freilich der alte Zustand der Dinge durch die Rückkehr der alten Verhältnisse wieder eingetreten; da Mittel-Italien mit Sicilien nicht Preis halten kann, so sind jene neu entstandenen Gruben wieder verlassen worden. Doch waren in den Jahren 1817 und 1818 in welchen ich diese Gegenden bereiste, nicht nur die Orte noch bekannt an welchen die Gruben gewesen, sondern es war mir auch möglich Beobachtungen anzustellen, und von vielen Stufen zu erhalten.

Wir folgen natürlich der Streichungslinie beim Aufzählen der Punkte, und zwar von Nordwest nach Südost.

Der nördlichste Punkt den ich auf diesem Zuge aufgefunden habe, ist Pietra Appia (auf Romagnolisch Predappia) über Forli. Das Gebirg ist Mergel, der Gyps und Conglomeratlager enthält. Der Gyps ist theils körnig und weiß, theils dicht und grau. Es wird hier ein Schwefelflötz von sehr ungleicher Mächtigkeit, von einem halben bis zwei Lachter, durch mehrere Gruben unterirdisch abgebaut. Die Farbe dieses Schwefels geht von Schwefelgelb bis Zeisiggrün, der Bruch ist uneben von grobem Korne und schimmernd, an den Kanten durchscheinend; bei Reibung giebt er einen starken urinösen Geruch. Er enthält schwarze kohlenartige Schuppen, die wahrscheinlich Alaunerde sind. Dieses Flötz ist noch wenig abgebaut, da die Gegend sehr holzarm ist. — Etwa zwanzig Lachter im Hangenden dieses Flötzes, findet sich ein mehrere Lachter mächtiges Stinksteinlager, so stark mit Schwefel durchzogen, daß es darauf, für jetzt noch über Tage, abgebaut wird. Dieses Vorkommen ist dem Sicilianischen sehr gleich; der Stinkstein ist gelblich und graulich weiß, von körniger Absonderung, und bildet viele Drüsen; der Schwefel krystallisirt zum Theil sehr schön in diesen Drüsen, zum Theil durchzieht er derb den Stinkstein in Lagen, die mit der Schichtung des Gebirges gleichlaufend sind; er ist schwefel- und oraniengelb, durchsichtig und halbdurchsichtig, der Bruch kleinmuschlig. Als Seltenheit werden hier Conchylien, von Schwefel versteinert, gefunden. — Dieses Stinksteinlager hat zu seinem Hangenden eine Conglomeratschicht, die aus Geschieben von Quarz und Kieselschiefer, höchstens von der Größe einer welschen Nuß, durch ein kalkiges Bindemittel vereinigt besteht. Von dieser Art ist alles Conglomerat das wir in Begleitung des Schwefels finden werden. Es sind wenige dünne Schichten, höchstens einen halben bis einen ganzen Fuß mächtig, die sich unmittelbar zwischen dem Mergel oder dem Gyps, oder mit Stinkstein zusammen finden. Nur hier und bei Perticara ist es mächtiger.

Verfolgen wir die Richtung dieser Flötze, so kommen wir zuerst auf die ehemals sehr bedeutenden Schwefelgruben von Val di Noce, die aber nicht mehr in Betrieb sind, und mit welchen die von Casalbuono zusammenhängen. Ob das Flötz zwischen Pietra Appia und Val di Noce unterbrochen ist oder ununterbrochen fortstreicht, läßt sich über Tage nicht beobachten. Gewiß aber ist daß es von Val di Noce über Casalbuono bis an den Savio nicht unterbrochen ist. Da also die Gruben von Val di Noce und Casalbuono auf demselben Flötz liegen, so geben uns die letztern, die noch in Betrieb sind, hinlänglichen Aufschluß. Das Gebirg ist Mergel. Das Schwefelflötz hat Alabaster im Liegenden und schiefrigen grauen Gyps im Hangenden. Es ist ohngefähr ein halbes Lachter mächtig, und hat die Struktur der Schieferkohle, nur daß die Lagen nicht über eine Linie dick sind. Seine Farbe ist gelblich braun, der Bruch uneben und schimmernd, undurchsichtig; er giebt bei Reibung den bituminösen Geruch. Die schiefrige Struktur entsteht durch eine Abwechselung von dünnen Lagen reineren und unreineren Schwefels, je nachdem ihm bituminöser Mergel beigemischt ist. Die Farbe des Schwefels von Val di Noce zieht sich mehr ins Grünliche; die übrigen Verhältnisse sind dieselben wie beim Schwefel von Casalbuono.

Dieses Flötz streicht von Casalbuono hinunter nach Montevecchio, wo es im Savio sichtbar ist, und vereinigt sich hier mit einem andern östlicheren Schwefelflötz, das aus der Gegend von Bertinoro über Formignano hierher kommt, und zwar in einer Richtung von Norden nach Süden.

Die nördlichste Grube dieses Flötzes ist zu Polenta nahe bei Bertinoro; die zweite weiter südlich liegt zwischen Polenta und Formignano; die dritte liegt bei Formignano selbst.

Die Schwefelflötze, so wie alle Gebirgsarten die als Lager vorkommen, haben in Italien die Eigenheit sich bisweilen in rundliche Massen zu zertheilen. Die größern dieser Massen werden von den Einwohnern Massi, die mittleren Globi, die kleinern Ovoli genannt. Diese rundlichen Massen liegen in einer bestimmten Richtung, nach dem Zuge des Flötzes und der Gebirgsschichten, aber sehr zerstreut umher. Diese Art der Bildung giebt eine Unterbrechung, oder den Anfang, oder das Ende einer Bildung zu erkennen. Auf dergleichen Ovoli von Schwefel baute sonst die Grube von Polenta. Das Gebirg ist hier so wie auf der ganzen Erstreckung des Flötzes Mergel mit Gypslagern.

Die zweite Grube, zwischen Polenta und Formignano, baut zum Theil auf Ovoli, zum Theil auf einem wirklichen Flötze. Diese Ovoli liegen unmittelbar im Mergel; ihre Farbe ist gelblich grau und bräunlich gelb, der Bruch flach muschlich und etwas glänzend von Fettglanz. Er sieht dem Bol etwas ähnlich.

Auf der dritten Grube bei Formignano finden wir das Flötz allein, es ist ein bis ein und einen halben Lachter mächtig; es fällt, wie an allen Punkten die wir bisher haben kennen lernen, zwischen 60 und 70°. — Der Schwefel ist zum Theil mit bituminösem Mergel innig gemengt, so daß er mit Säuren stark braust, aber doch leicht entzündlich bleibt und rasch brennt; bei Reibung giebt er einen bituminösen Geruch von sich; zum Theil findet er sich ziemlich rein. Er hat gleichfalls die Struktur der Schieferkohle, in Lagen von ein viertel bis ein und einen halben Zoll Dicke. Die Farbe des mit Mergel gemischten ist grünlich grau, der Bruch uneben und schimmernd. Oft wechseln Lagen von diesem Schwefel mit Lagen von reinem gelben Schwefel und von gelblich weißem Stinkstein mit einander; so daß das Flötz eine bunte Streifung dadurch erhält. Man sieht daß der gelbe Schwefel und der weiße Stinkstein eine Aussonderung durch Krystallisationskraft aus dem mit bituminösem Mergel gemischten grünlich grauen Schwefel ist. Im Hangenden dieses

Flötzes findet sich wie bei Pietra Appia ein vier bis fünf Lachter mächtiges Stinksteinflötz, mit Schwefel durchzogen. Früher baute eine Grube bei der Kirche von Formignano darauf. Auf dieser sollen die schönsten Schwefelkrystalle vorgekommen sein, welche die Romagna überhaupt lieferte. Da dieses Stinksteinflötz mit dem Schwefel weit über Tage fortstreicht, hatte ich Gelegenheit die Einwirkung der Atmosphäre darauf zu beobachten. Der Schwefel verwittert zu einem gelblich weißen Pulver, und in diesem Zustande, versicherten mir die dortigen Hüttenarbeiter, sei der Schwefel zur Gewinnung untauglich, weil er bei der Destillation zu unbedeutend ausbringt. Das Ausbringen des Schwefels findet nehmlich durch Destillation statt. Eine gleiche Erfahrung hat man bei Sinigaglia gemacht; nachdem der gegrabene Schwefel ein Jahr unbedeckt an der Luft gelegen hatte, brachte er nichts bei der Destillation aus.

Dieses Flötz von Polenta bis Formignano giebt uns Gelegenheit eine schöne Beobachtung über die Veränderung auf dem Streichen zu machen; da wir bei Polenta nur Ovoli fanden, auf der mittlern Grube gleichfalls Ovoli, aber auch den Anfang eines zusammenhängenden Flötzes, bei Formignano blos das Flötz allein, das denn weiter südlich nach Montevecchio an den Savio streicht, und sich dort mit dem anderen Flötze, das von Pietra Appia über Val di Noce und Casalbuono herabkommt, vereinigt.

Auf

Auf diesen beiden Flötzen ist in der Nähe des Savio noch an vier Orten gebaut worden, bei Monte jottone, Piaja, Monte aguzzo, Falcino. Das weitere südliche Fortstreichen dieser Flötze ist nicht bekannt, wiewohl sehr wahrscheinlich. Wir verlassen daher diesen Flötzzug ganz und gehen zu einem zweiten, etwas westlicher gelegenen über, der zugleich der bedeutendste des ganzen adriatischen Zuges ist.

Dieser Flötzzug hebt am Savio, etwas unter Sarsina an, und geht bis an den Metauro bei Urbania. Sollte er nicht ganz ununterbrochen fortlaufen, so können die Unterbrechungen nur sehr gering sein. Sein Streichen ist von Nordwest nach Südost.

Bei Sarsina wurde zu Monte Pietro und weiter südlich zu Sapigno darauf gebaut.

Der Hauptbau, nicht nur auf diesem Flötze, sondern auch auf der ganzen adriatischen Seite, wird zu Perticara, eine Stunde von S. Agatha, durch drei Gruben geführt. Hier findet sich im Liegenden des eigentlichen Schwefelflötzes ein sehr mächtiges Gypslager, welches ein unregelmäßiges Stinksteinlager enthält, dem wiederum ein sehr unregelmäßiges Schwefellager untergeordnet ist. Der Stinkstein ist von Farbe schwärzlich braun, von feinkörniger Absonderung. Der Schwefel ist gelblich grau von Farbe, der Bruch uneben; er ist so innig mit dem Stinkstein verwachsen, daß man nur einen ganz allmähligen Uebergang von einem zum andern bemerkt. Die Grube die hierauf baute liegt jetzt, und war nicht bedeutend. Auf dem Hauptflötz hingegen, das sich etwa hundert Lachter im Hangenden von jenem befindet, bauen drei Gruben, von denen die mittlere die bedeutendste ist und schon eine Teufe von mehr als hundert Lachter erreicht hat. Dies Flötz fällt ohngefähr mit 80 bis 85°; es ist gewöhnlich zwei Lachter mächtig, macht aber Weitungen die bis zehn Lachter mächtig werden. In der Grube auf der südlichen Seite überstürzt sich das Flötz mehreremale, was bei dem starken Fallen leicht angeht. Der Schwefel ist auch hier vom Stinkstein begleitet, und bildet eine bedeutende Reihe von Abänderungen die durch fremdartige Beimischungen verursacht werden. Man kann drei Hauptstufen annehmen; — eine, wo der Schwefel mit viel bituminösem Mergel gemischt ist; seine Farbe ist dunkel aschgrau, der Bruch ist eben und matt, er braust stark mit Säuren, und giebt bei Reibung den urinösen Geruch; — die zweite, wo er mit wenig bituminösem Mergel gemischt ist; seine Farbe ist grünlich grau, der Bruch uneben und schimmernd; er braust mit Säuren, und giebt den bituminösen Geruch bei Reibung; — die dritte ist ein ziemlich reiner Schwefel von gelber und brauner Farbe, der Bruch muschlig und glänzend. Die zweite und dritte Art wechseln bisweilen in dünnen Lagen, und haben die Struktur der Schieferkohle wie der von Formignano, nur daß hier der Stinkstein fehlt. Diese drei Hauptstufen gehen in einander über, und bilden eine große Menge von Abänderungen.

Selten kommen hier Krystalle vor, die aber sehr groß und schön sind; auch sind es die letzten auf diesem ganzen Zuge, indem weiter südlich bis jetzt der Schwefel nicht in Krystallen angetroffen worden ist.

Von Perticara bis an den Metauro bauten sonst noch vier Gruben auf diesem Flötzzug, bei Carpegna, Luppajuolo, Lunano und Calariccio unter Peglia nahe bei Urbania. Das Gebirg worin dieser ganze Flötzzug streicht ist fortdauernd Mergel mit Gypslagern.

Hiermit endigen die ununterbrochen fortlaufenden Flötzzüge, und wir finden weiter südlich nur vereinzelte Schwefelniederlagen, die jedoch auf zwei Hauptlinien sich befinden, von welchen die eine bei Macerata di Monte Feltre anfängt, über Urbino und Pergola nach Belforte am Chienti geht. Die zweite, östlicher gelegene Linie fängt über Fano bei Monte maggiore an, und geht über Sinigaglia nach Sirolo bei Loreto. Diese Unterbrechungen sind dem Charakter des ganzen Gebirges gemäß, indem das Mergelgebirge hier nicht mehr wie bisher ununterbrochen fortläuft, sondern viele und bisweilen sehr bedeutende Kalkstein- und kalkige Sandsteinlager aufnimmt, welche Hügel, Bergzüge und Stücken Gebirge bilden, und die Mergelbildung zurückdrängen.

Die Punkte der ersten Linie wo sich Schwefel findet sind bei Macerata di Monte Feltre, an den Orten Camadio und Gaggiolo; bei Urbino, die Zolfanara des Prinzen Albani; bei Pergola, Castagna und Roccacervia; bei Belforte.

Camadio und Gaggiolo liegen eine Stunde nordwestlich von Macerata di Monte Feltre; der Schwefel fand sich in kleinen Mergelparthien, die dem kalkigen Sandstein untergeordnet sind. Die Gruben sind nicht mehr in Betrieb.

Die Schwefelgrube des Prinzen von Albani liegt zwei Stunden nordwestlich von Urbino. Sie ist die wichtigste von allen diesen zerstreut liegenden. Das Gebirg ist gleichfalls Mergel mit Gypslagern. Doch ist der Mergel nicht so feucht und bildsam wie gewöhnlich; in der Grube selbst ist er sogar schiefrig, aber sehr weich. In diesem schiefrigen Mergel liegt der Schwefel unmittelbar, und nimmt an dieser Struktur Theil; er kommt in sehr vielen aber dünnen Flötzen von einem halben Zoll bis zwei Fuß Mächtigkeit vor, die sämmtlich durch einen Stolln abgebaut werden; da sonst der ganze dortige Schwefelbergbau nur durch Schachte betrieben wird. Dieser Mergel giebt bei Reibung einen Geruch von Schwefelwasserstoffgas von sich; der um so stärker ist, je härter der Mergel ist. Der Schwefel hingegen giebt keinen Geruch bei Reibung von sich; er ist braun von Farbe, der Bruch ist eben und kleinmuschlig, wenig glänzend.

Daß bei Castagna und Roccacervia Schwefel gegraben werde, erfuhr ich erst als ich die Gegend bereits verlassen hatte; als ich dahin zurückkehrte fand ich die Wege nicht gangbar, weil ein langer Regen den Mergel bis in große Tiefe aufgeweicht hatte. Doch erhielt ich von Roccacervia eine Stufe, aus welcher ich sehe daß der dortige Schwefel mit dem von Belforte und Sinigaglia übereinkommt. Deshalb verweise ich auf diesen letzten Ort.

Die Punkte auf der zweiten Linie, an denen Schwefel bekannt ist, sind Monte maggiore am Metauro über Fano, S. Gaudenzio bei Sinigaglia, Varano bei Ancona, Sirolo bei Loreto. Das Gebirg worin der Schwefel von Monte maggiore gegraben wurde ist Mergel. Die Grube liegt gegenwärtig. Eben so ist die Grube von S. Gaudenzio jetzt auflässig; da aber hier über Tage gebaut wurde, und der Bruch jetzt noch auf Gyps benutzt wird, so bietet er Gelegenheit zu schönen Beobachtungen dar. Das Gebirge ist Mergel, der hier ein Lager von dünn geschichtetem fast schiefrigem Gyps enthält. Der Gyps ist grau, und auf dem Querbruch zeigt er feinkörnige Absonderung; er enthält einige Mergellager von etwa einem Fuß Mächtigkeit, welche den Schwefel in Flötzen von einem halben bis drei Zoll Mächtigkeit und auch in einzelnen nierenförmigen Knollen enthalten. Der Gyps selbst enthält den Schwefel, theils eingesprengt, theils als Ovoll. Merkwürdig ist daß hier der bituminöse Geruch ganz fehlt, obgleich der Gyps Abdrücke von Fischen und Blättern enthält. Noch merkwürdiger aber ist daß der Schwefel, der im Gyps eingeschlossen ist, nicht gediegen, sondern ein Hydrat ist. Seine Farbe ist gelblich weiß, der Bruch eben und matt, auf dem Striche glänzend, zerspringt leicht in scharfkantige Bruchstücke. In den

Mergellagern die dieser Gyps enthält kommt er mit dem gediegenen Schwefel zusammen vor. Dieses Hydrat ist sehr rein und fast ohne alle fremde Beimischung; in der Folge soll es unter dem Namen Wasser-Schwefel aufgeführt werden.

Bei Varano kommt derselbe graue dünn geschichtete Gyps vor; er wird dort häufig gebrochen und zu Bausteinen, die dickeren Schichten zu Thür- und Fensterpfosten, Treppenstufen u. dgl. benutzt. In diesem Gyps kommt der Wasserschwefel eingesprengt und in Ovoli vor, und zwar in solcher Menge, daß bei Bestellungen auf obiges Material ausdrücklich ausbedungen wird, daß sie nicht zu vielen Schwefel enthalten, weil der Stein dadurch an Haltbarkeit verliert.

Der Gyps streicht von Varano nach Sirolo, enthält hier gleichfalls den Wasserschwefel, aber nur eingesprengt. Da die Küste ihre südöstliche Streichungslinie bei Ancona verläßt, und sich fast ganz nach Süden wendet, so muß dieser Schwefelzug, der seine südöstliche Richtung behält, unter das adriatische Meer treten; dies sieht man bei Sirolo am Gyps, als Begleiter des Schwefels; auch werden in der Folge noch andere Thatsachen dies beweisen.

Zwischen diesen beiden Linien findet sich noch eine Schwefelgrube zu Isola di Fano, eine und eine halbe Stunde südwestlich von Fossombrone. Das Gebirg ist abermals Mergel; unmittelbar in ihm bilden eine Menge etwa einen halben Zoll mächtige Schwefelflötze ein Hauptflötz von etwa zwei Drittel Lachter Mächtigkeit. Der Mergel zwischen den dünnen Flötzen, so wie um das Ganze herum, ist von Glimmer durchzogen, der auch in den Schwefel mit eindringt. Dies Flötz fällt etwa mit 30°. Der Schwefel ist gelblich grau von Farbe, der Bruch uneben und schimmernd. Er ist ohne allen bituminösen Geruch; auch kommt er hier so wenig wie auf der vorigen östlichen Linie mit Stinkstein oder bituminösem Mergel vor.

Dieses sind die Orte wo der Schwefel auf dem adriatischen Zuge wirklich gefunden worden ist. Es ist keinem Zweifel unterworfen, daß er noch weiter südlich fortstreicht: denn nachdem meine Untersuchung bereits abgeschlossen war, erfuhr ich, leider zu spät, daß er sich bei Ascoli und an der Majella bei Sulmona in Abruzzo noch findet.

Außer den Schwefelgruben geben die sogenannten Solfataren einen hinreichenden Beweis vom Daseyn des Schwefels an denjenigen Punkten wo sie statt finden. Solfataren nennt man Gegenden, in welchen kaltes oder heißes Schwefelwasserstoffgas aus dem Erdreich langsam und ununterbrochen empor steigt, und dieses Erdreich mit Schwefel schwängert. Es ist also eine Art von Sublimation des Schwefels. Die Solfataren sind vorzüglich auf dem mittelländischen Zuge zu Hause, und so wollen wir sie auch dort näher kennen lernen. Auf dem adriatischen Zuge sind nur zwei bekannt; eine bedeutende bei Isola d'Urbino, zwischen Urbino und Fossombrone; eine zweite unbedeutende bei der Osteria del Gallo zwischen Pesaro und Urbino.

Asphalt.

Nachdem wir die sehr bedeutende Niederlage des Schwefels auf dem adriatischen Zuge in seinen beiden Arten, als gediegenen der selten rein, meist mit Mergel und Bitumen gemischt ist, und als Wasserschwefel kennen gelernt haben, wollen wir uns zum Asphalt wenden.

Die Gründe diesem Mineral seine ältere Benennung wieder zu geben scheinen mir so wichtig, daß sie eine genauere Erwähnung verdienen. Werner hat zwei Gattungen, die des Erdpechs und des Erdöls, daraus gebildet. Da aber diese beiden Gattungen durch weißes Erdpech und verdicktes Erdöl (Karsten) vollkommen in einander übergehen, so ist diese Trennung ganz willkührlich und künstlich. Ueberdem werden wir in der Folge sehen, daß nur der Wärmegrad des kochenden Wassers dazu gehört um das schlackige Erdpech in Erdöl zu verwandeln. Deshalb hat Hauy wohl richtiger diese Arten in der Gattung bitume zusammengefaßt. Die Benennung Bitumen ist bei uns nicht anwendbar, da wir schon einen ganz anderen Stoff damit benennen, nemlich den, der in dem bituminösen Mergelschiefer und dem Stinkstein befindlich ist, und dem wir einen animalischen Ursprung beimessen.

Die ersten Entdecker und Beschreiber dieses Minerals nannten es Asphalt; diese Benennung leistet alles was man von einem guten Namen fordern kann. Wir haben von denselben Völkern so viele Namen die zu unsern besten gehören, angenommen, als z. B. Basalt, Asbest, und die Namen fast des ganzen Geschlechts der Edelsteine. Diese Gründe scheinen mir die Beibehaltung des Namens Asphalt für dieses brennbare Mineral, das ganz anorganischen Ursprungs ist, zu rechtfertigen. Es ließe sich in drei Arten abtheilen, in festen, in weichen und in flüssigen Asphalt; die zweite Art müßte weich genannt werden, da es weichen Asphalt giebt der nicht elastisch ist. Der flüssige wird häufig auch Naphta genannt. — Sehr bezeichnend ist der Geruch den er von sich giebt, und der mir, wenn er rein ist, mit dem Geruch der Daucus carotta, wenn sie gerieben wird, einige Aehnlichkeit zu haben scheint.

Dieser eigenthümliche Geruch zeigt die Gegenwart des Asphalts auf den Schwefelgruben von Pietra Appia, Val di Noce und Casalbuono, so wie von Polenta und Formignano bestimmt an. Doch ist mir nicht bekannt daß Asphalt selbst dort gefunden worden wäre.

Auf den Gruben von Perticara zeigt ihn nicht nur der Geruch an, sondern er kommt auch wirklich in allen drei Arten im Schwefel und Stinkstein vor; der feste in Butzen die drei bis vier Fuß im Durchmesser haben, der weiche und zähflüssige in Drusen.

Der feste Asphalt ist von sammtschwarzer Farbe, der Bruch ist muschlich und stark glänzend, er ist sehr leicht entzündlich und brennt sehr rasch; alles dies beweist wohl daß er sich hier in einem sehr reinen Zustande befindet. Je weicher und flüssiger er ist, um so heller wird seine Farbe.

Weiter südlich findet sich der Asphalt an der Schwefelgrube des Prinzen Albani bei Urbino. Er ist hier nur flüssig bekannt, auf den kleinen Wässern schwimmend, die sich an dem Berge befinden, in welchem der Schwefel gegraben wird. Man riecht ihn sehr stark weit umher so wie in der Grube selbst.

Durch Spadoni kennen wir noch eine sehr bedeutende Quelle von flüssigem Asphalt auf dem adriatischen Meere, eine Stunde von Civita nuova, südlich von Loreto. Dieser Punkt liegt genau im Streichen der Schwefellinie von Varano und Sirolo, so daß zu obigen geognostischen Gründen sich noch dieser gesellt, um uns ganz zu überzeugen, daß der Zug der brennbaren Stoffe unter dem adriatischen Meere fortgehe.

Steinkohlen.

Wir haben so eben den Asphalt in und mit dem Schwefel vorkommend gesehen, und finden jetzt die Steinkohlen in der Nähe der Schwefelflötze. Doch hat diese ganze Bildung keinen hohen Grad der Ausbildung weder der Art noch der Menge nach.

Bei Pietra Appia findet sich eine dünne Schicht von Brandschiefer im Mergel des Hangenden vom Schwefelflötze.

Bei Sogliano findet sich ein Flötz wirklicher Steinkohle von etwa vier Fuß Mächtigkeit im Conglomerat. Es wird jedoch nicht bebaut. Die Kohle ist eine Art Schieferkohle.

Bei Aqualagna über Fossombrone, und bei Gubbio finden sich zwei bis drei Zoll mächtige Schichten von Brandschiefer im Kalkstein.

Zu Piorico bei Cammerino finden sich einzelne Nester und Trümmer von Steinkohlen im Mergel; die Kohle ist eine Art Pechkohle, ganz ähnlich der von Häringen in Tirol.

Bei Ascoli findet sich ein dünnes Steinkohlenflötz, etwa vier bis sechs Zoll mächtig zwischen Kalkstein. Die Kohle ist der vorigen gleich.

Man sieht wie unbedeutend die Steinkohlenbildung in diesen Gegenden ist. Doch darf man nicht glauben, daß die Niederlagen derselben vorhanden, aber nicht bekannt seien. Denn zu den Zeiten des Königreichs Italien hatte die Regierung einen bedeutenden Preis auf die Anzeige derselben gesetzt, um der großen Holzarmuth zu Hülfe zu kommen. Die Gebirge sind vollkommen durch die vielen nahen und gleichlaufenden Thäler, die vom Apennin ins adriatische Meer hinabgehen, aufgeschlossen; durch die Leichtigkeit der Nachsuchung so wie durch den darauf gesetzten Preis aufgemuntert, war man doch nicht im Stande die gewünschten Entdeckungen zu machen. — Sobald wir wissen daß der eigentliche Sandstein der nördlichen Gegenden in der apenninischen Halbinsel ganz fehlt; daß die kalkigen Conglomerate viel zu wenig mächtig sind um irgend etwas untergeordnet zu enthalten; und wenn wir uns erinnern daß Mergel und Kalkstein, welche die hiesigen Gebirge bilden, überall nur in sehr geringer Menge Steinkohlen enthalten, so wird leicht begreiflich, daß ihr Vorkommen hier nur unbedeutend seyn kann.

Schwefelmetalle.

Ganz unbedeutend sind die Schwefelmetalle auf diesem Zuge. Es findet sich nur Schwefelkies in kleinen Lagern bei Perticara.

Salzquellen.

Zum Schlusse der Betrachtung des adriatischen Zuges muß ich noch bemerken, daß er sehr häufig von Salzquellen begleitet ist, vorzüglich auf der südöstlichen Seite.

Nördlich giebt es zwischen Pietra Appia und Brisighella mehrere Stellen im verhärteten Mergel, an welchen das Regenwasser ein Ausblühen des Kochsalzes veranlaßt. Die Schaafe suchen sie begierig auf, um daran zu lecken, und dadurch sind sie bekannt geworden.

Wirkliche Salzquellen giebt es über Pesaro zu Monte Gaudio; zu S. Angelo sopra Pesaro; zu Filotrano bei Jessi; am Molino di Recanati bei Loreto; zu Ficcano bei Cingoli; am Passo della Treja an der Potenza bei Macerata; zu S. Angelo in Pontano;

zu Mozzano bei Ascoli. An den letzten drei Orten sind sie so bedeutend, daß sie bisweilen versotten werden. Die übrigen werden nicht benutzt.

Thun wir einen Rückblick auf diesen Zug der brennbaren Stoffe, so sehen wir daß der Schwefel nicht nur den hauptsächlichsten sondern fast den ausschließlichen Bestandtheil desselben ausmacht. Er kommt auf der nordwestlichen Seite des Zuges in drei Flötzzügen vor; nehmlich in dem von Pietra Appia, in dem von Formignano, der sich mit jenem am Savio vereinigt; und drittens in dem Flötzzug von Perticara, der vom Savio bis an den Metauro sechs bis acht Stunden weit fortstreicht, und also der längste wie auch der mächtigste ist. Diese drei Flötzzüge bestehen aus einem Hauptflötz und einem Schwefel führenden Stinksteinflötz. Dieses ist bei den zwei ersten Flötzzügen im Hangenden, beim dritten im Liegenden des Hauptflötzes.

Auf der südöstlichen Seite des Zuges sehen wir den Schwefel auf einzelnen Punkten, die sich in zwei gleichlaufende Linien vereinigen lassen. Der Stinkstein fehlt hier ganz; auch verschwindet der gediegene Schwefel, und es tritt der Wasserschwefel an den südlichsten Punkten ein.

Das Gebirg worin er sich findet ist durchaus Mergel. Nur auf der südöstlichen Seite des Zuges kommt der Schwefel unmittelbar im Gyps vor; dieser findet sich jedoch immer in der Nähe. Auf der nordwestlichen Seite findet er sich mehr mit Stinkstein vereinigt.

Dem Schwefel untergeordnet sehen wir den Asphalt. Spuren von Steinkohlen sehen wir in seiner Nähe, wie auch eine bedeutende Menge von Salzquellen.

Der Mittelländische Zug.

Auch diesen verfolgen wir von Nordwest nach Südost, und fangen wieder mit den Schwefelniederlagen an, zuerst mit den Schwefelgruben. Ich muß jedoch voraus bemerken, daß auf diesem Zuge keine ununterbrochen fortlaufenden Flötzzüge, wie auf dem nördlichen Theile des Adriatischen Zuges, statt haben, sondern daß sich die Niederlagen der brennbaren Stoffe auf vereinzelten Punkten finden, die aber in so großer Menge und in einer so bestimmten Richtung vorhanden sind, daß man einen Zug, der auf oben angegebene Art von Nordwest nach Südost streicht, festsetzen muß.

Die nördlichste Schwefelniederlage welche auf diesem Zuge bebaut wird, findet sich zwei Stunden westlich von Volterra, bei dem Städtchen Pomerance in einem Thal Fontebagni genannt. Das Gebirg ist Mergel mit Gyps und ganz dünnen Conglomeratlagern. Während des Continentalsystems bauten hier zwölf Gruben. Gegenwärtig ist nur noch eine in Betrieb, und auch diese ist nur mit drei Mann belegt.

Da elf Gruben nicht mehr fahrbar sind, so konnte ich nur aus der angeblichen Teufe der Schachte und aus dem Fallen der Gypslager vermuthen, daß hier drei Schwefelflötze die mit Mergel und Gyps wechseln vorhanden sind. Die gangbare Grube baut auf dem untersten Flötz. Dieses fällt wie das ganze Gebirge hier ohngefähr mit 65°; es ist ein halb bis zwei drittel Lachter mächtig, und bisweilen durch Mergel und Conglomerat verunreinigt. Der Schwefel ist von brauner Farbe, der Bruch eben das ins Splittrige geht und wenig glänzend von Fettglanz. Er enthält kleine Parthien die von hellerer Farbe sind, ebenen ins Muschlige übergehenden Bruch und keinen Glanz haben. Selten wird er ganz rein von schwefelgelber Farbe gefunden. Er zeigt keinen bituminösen Geruch bei Reibung. Die anderen beiden Flötze sollen mit diesem von gleicher Mächtigkeit, jedoch soll der Schwefel reiner gewesen sein. Alle drei sind nur bis etwa zwölf Lachter Teufe abgebaut.

Der zweite Punkt wo ehedem Schwefel gegraben wurde ist bei Radicondoli im Sanesischen. Das Gebirg ist auch hier Mergel mit Gyps und Conglomeratlagern. Der Schwefel kommt hier in Butzen vor, allein für sich, und auch mit Alabaster zusammengewachsen. Dies Vorkommen des Alabasters in Butzen ist in ganz Toscana sehr gewöhnlich. Der Schwefel ist etwas mit Stinkstein gemischt, und giebt bei Reibung auch den bituminösen Geruch von sich. Er kommt häufig rein vor, meistens aber ist er von brauner Farbe und unebnem Bruche; er enthält gleichfalls hellere Parthien wie der von Fontebagin.

Der dritte Punkt wo sonst Schwefel gegraben wurde liegt gleichfalls im Sanesischen, bei Civitella an einem Bache Lescone genannt. Das Gebirg ist Kalkstein und Mergel. Der Schwefel liegt in runden Massen, auch als Globi und Ovoli im Mergel. Diese Massen liegen hier ohne Ordnung im Gebirg umher, weshalb der Abbau bei Fortsetzung der Arbeit sehr schwierig geworden wäre. Die größte derselben gab bei der Destillation hundert Centner Schwefel. Der Schwefel ist ein sehr reiner Wasserschwefel, die Farbe ist gelblich weiß, der Bruch eben, erdig und matt, undurchsichtig, leicht zerspringbar in scharfkantige Bruchstücke, auf dem Striche glänzend. Herr Doktor Ficinus in Dresden hatte die Güte diesen Wasserschwefel zu zerlegen. Drei Grammen davon gaben reinen sublimirbaren Schwefel der sich eben so gut in

Kali auflöste	= 2,92296		
Wasser	= 0,04839		
schwarzen Rückstand	= 0,03500 zerlegbar in		
		Kohle	0,02480
		Braunstein	0,00700
		Magnesie	0,00120
		Kieselerde	0,00200

Da diese Verbindung so viel ich weiß neu ist, so wäre zu wünschen daß diese Zerlegung von anderen Chemikern wiederholt würde.

Das

Das specifische Gewicht desselben ergab sich zu 1,90; also gleich dem reinen gediegenen Schwefel; obgleich er dem Gefühl um vieles leichter erscheint, weil er viel Luft enthält, welche beim Eintauchen ins Wasser mit Geräusch entweicht.

Bestätiget sich daß dieser Schwefel ein Hydrat ist, so würden die, welche Hydrate als selbstständige Gattungen ansehen, auch diesen Schwefel als eine eigene Gattung festsetzen. Wer aber von einer selbstständigen Gattung eine eigenthümliche Krystallfolge verlangt, und bedenkt daß die gallertartige oder erdige Beschaffenheit der Hydrate mit der Kraft zu krystallisiren, nehmlich als solche, unverträglich ist, wird mit mir auch dieses Hydrat der Gattung von der es das Hydrat ist, dem Schwefel, als untergeordnete Art anschließen, auf dieselbe Weise wie Hauy den Opal dem Quarz angeschlossen hat.

Wir kehren zu den geognostischen Verhältnissen am Lescone zurück. Außer diesen runden reinen Massen kommt der Schwefel noch auf zwei andere Arten hier vor. Erstens findet er sich in Parthien mit Mergel gemengt, gleichfalls im Mergel. Zweitens bildet er eine Breccie mit Kalkstein, der rauchgrau von Farbe ist, der Bruch flachmuschlig im Großen, und splittrig im Kleinen; ganz von der Art wie er in der apenninischen Halbinsel herrschend ist. Dieses Vorkommen als Breccie ist sehr merkwürdig, da ich aus Gründen die künftig entwickelt werden sollen, annehme daß beide Bestandtheile gleichzeitiger Entstehung sind. Daher ich die Benennung Breccie zum Unterschied von Conglomerat gewählt habe. Schwefel und Kalksteine durchsetzen sich, und schließen sich gegenseitig ein; alle Umrisse sind theils scharfkantig, theils verfließen sie in einander, und man nimmt nichts abgerundetes wahr. Es gelang mir nicht diese Breccie anstehend zu finden. Der Bach Lescone fließt über dieses Schwefelgebiet, und führt nach Anschwellungen die runden Massen von Schwefel sowohl, als auch Stücke von merglichem Schwefel und der Schwefelbreccie mit sich fort. Da alle meine Bemühungen die Schwefelbreccie im Kalkstein am Lescone aufwärts anstehend zu finden vergebens waren, so kann ich es als keine bestimmte Beobachtung, wohl aber als eine wahrscheinliche Vermuthung geben. Denn da sich durch den Bergbau gezeigt hat, daß die runden Schwefelmassen und der mergliche Schwefel im Mergel anstehen, so muß die Schwefelbreccie auch im dasigen Kalkstein anstehen, von dem sie ja Stücke als Bestandtheil enthält.

Der vierte Ort wo Schwefel gegraben wird ist ebenfalls im Sanesischen, und zwar ein und eine halbe Stunde südöstlich von Scansano. Diese Schwefelgrube war sonst unter dem Namen der von Peretta bekannt; da sie durch Gebietsveränderungen an Scansano gekommen ist, so heißt sie jetzt die Schwefelgrube von Scansano. Sie ist von allen Gruben der apenninischen Halbinsel in jeder Rücksicht die wichtigste und merkwürdigste. Das Gebirg worin der

Schwefel hier vorkommt, ist nicht mehr Mergel sondern Kalkstein, der gewöhnliche rauchgraue Apenninen-Kalkstein. Dieser enthält ein zwanzig bis dreißig Lachter mächtiges Lager von einer Art Alaunerde, in welcher sich der Schwefel mit hornsteinartigem Quarz in großen Massen zusammenfindet. Der Schwefel ist wie der von Lescone Wasserschwefel, der hier aber in mancherlei Abänderungen vorkommt. Er geht nehmlich vom festen Zusammenhang bis zum zerreiblichen über. Ueberraschend ist die merkwürdige Beimischung von Grauspießglanz, welche in allen Graden mit dem Schwefel statt findet, bis zu einer völligen Aussonderung des Grauspießglanzes als schöne Krystalldrusen. Hierdurch werden die Farben des Schwefels bestimmt; bei wenig beigemischtem Grauspießglanz wird die gewöhnliche gelblich-weiße Farbe grünlich; nimmt der Grauspießglanzgehalt zu, so wird die Farbe bläulich; weiter unterscheidet man metallisch glänzende Punkte und so fort bis zur ganz volligen Aussonderung des Metalls. Der Grauspießglanzgehalt dieses Schwefels ist so bedeutend, daß sich dieses Schwefelmetall bei jeder Destillation immer am Boden der Destillirgefäße findet.

Wir sehen also hier drei neue geognostische Erscheinungen, erstens den Schwefel in Kalkstein eingelagert, zweitens mit Quarz vorkommend, drittens mit Grauspießglanz gemischt. Alle drei Thatsachen werden uns in der Folge von großer Wichtigkeit sein.

Gleich merkwürdig ist diese Grube in Rücksicht ihrer Ergiebigkeit. Denn ob sie gleich, wegen der im Sommer dort herrschenden schlechten Luft, nur acht Monat im Jahr betrieben werden kann, so bringt sie doch in dieser Zeit vier Millionen leichte Pfund (zu zwölf Unzen) aus. Sie ist mit dreihundert Mann belegt, und hat eine Teufe von mehr als hundert Lachter erreicht.

Schwerlich dürfte eine andere Grube dieser an Ertrag gleich kommen. So bedeutend auch die Schwefelerzeugung in Sicilien ist, so wissen wir noch zu wenig über die einzelnen Gruben; doch bringt wohl keine vier Millionen Pfund aus. Auf dem festen Lande von Italien ist der Schwefelbetrieb von Perticara der bedeutendste; aber alle vier Gruben zusammen haben in der besten Zeit ohngefähr zwei und eine halbe Million Pfund gegeben. Den jährlichen Gewinn der meisten übrigen Gruben können wir etwa zu zwei bis dreimal hunderttausend Pfund für jede anschlagen. Hieraus geht hervor wie sehr alle diese Gruben hinter der von Scansano zurückbleiben.

Von der allergrößten Wichtigkeit ist uns diese Grube in physikalischer Rücksicht, weil sie uns Aufschluß über den Ursprung der Solfataren giebt. Früher nehmlich war an dieser Stelle nur eine Solfatare, die auf mehreren Punkten die gewöhnliche Sublimation des Schwefels durch Schwefelwasserstoffgas bewerkstelligte, auf andern Punkten hingegen strömen saure Gasarten von solcher Schärfe aus, daß auch die größten Thiere, die sich diesen Stellen so sehr nähern daß der Gasstrom ihre Geruchswerkzeuge berührt, sogleich davon getödtet werden. Ein armer Genueser beachtete diese Solfatare, und schloß daß diese Schwefelsublimation von einer in der Tiefe liegenden Schwefelniederlage herrühren müsse. Er kaufte diesen wüsten Fleck für wenig Geld und grub nach. Der Ort ist zur Aufsuchung äußerst günstig; ein schmales Thal läuft auf dem Lager von Schwefel und Alaunerde hin, die Thalgehänge werden vom Kalkstein des Liegenden und Hangenden des Lagers gebildet. Mit leichter Mühe fand er also das durch den Thaleinschnitt entblößte Schwefellager, und da der Schwefel in unzusammenhängenden großen Massen, in Alaunerde gleichsam nur eingewickelt vorkommt, diese Massen auch eine in Streichen und Fallen bestimmte Richtung haben, konnten sie bei fortgesetztem Betrieb der Nachsuchung auf keine Weise entgehen. Die französische Regierung kaufte bei ihrer Besitznahme von Toscana sogleich diese Grube, und brachte sie in die gegenwärtige bedeutende Verfassung. — Weshalb diese Grube die volle Aufmerksamkeit der Physiker verdient, ist, daß dieser Schwefel nicht mehr ganz in seinem ursprünglichen Zustande, sondern in einer chemischen Thätigkeit begriffen ist. So wie er aus der Grube kommt ist er feucht, und der Geschmack verräth daß diese Feuchtigkeit Schwefelsäure mit Eisen und Thonerde verbunden ist. Stücke von diesem Schwefel, die vor drei Jahren gesammelt oft und vorsichtig abgetrocknet wurden, blühen jetzt noch den Vitriol sichtbar aus, oder schmecken noch danach bei Berührung mit der Zunge. In der Grube selbst entwickeln sich saure Gasarten in sehr großer Menge, so daß man nur durch fortgesetzte Unterhaltung von starken Feuern diese Gase schnell in die Höhe treibt, und so die Grube zugänglich erhält; wobei doch nicht vermieden werden kann, daß die Schnelligkeit der Entwickelung der Gasarten die Gewalt des Feuers übertrifft, und die Arbeiter dadurch das Leben verlieren. Alles dies sind Erscheinungen, die auf den Gruben in welchen der Schwefel im ganz natürlichen Zustande sich findet, ganz und gar nicht vorkommen.

Wenn wir weiter südöstlich auf diesem Zuge erst in Sicilien Schwefelgruben wieder finden, so dürfen wir keinesweges glauben daß er in dieser Erstreckung fehle: denn seine Gegenwart wird hinlänglich durch die Solfataren kund gethan. Im Römischen ist der Schwefelzug meist durch die dortige Trappbildung bedeckt, und von da bis nach Sicilien geht er unter dem Meere fort: es ist also unmöglich den Schwefel auf seiner ursprünglichen Lagerstätte zu graben.

Von den genauern geognostischen Verhältnissen der Schwefelzüge in Sicilien wissen wir bis jetzt noch nichts. Bekannt ist daß der Schwefel sich in Val di Noto und Val Mazzara, hier vorzüglich bei Girgenti, in großer Menge im Gyps mit Stinkstein und Cölestin findet, und daß der Gyps selbst im Mergel eingelagert ist. Vielleicht geben uns die Herren Maraschini und Lucas welche diese Insel im Jahr 1819 geognostisch untersucht haben, auch hierüber den gewünschten Aufschluß. Wir müssen uns daher mit den wenigen Thatsachen begnügen, daß diese Schwefelniederlagen auf unserm großen mittelländischen Hauptzuge liegen, dessen Breite, wie ich angegeben habe, gegen Süden zunimmt; daß diese Niederlagen sehr bedeutend sind, wenn auch keine einzelne Grube in der Erzeugung der von Scansano gleich kommt; daß das Vorkommen ähnlich dem in der Romagna ist, ausgenommen daß in Sicilien der Schwefel mehr dem Gyps untergeordnet ist, und in seiner Gesellschaft eine zweite schwefelsaure Erde, den Coelestin, und bisweilen noch eine dritte, den Schwerspath hat.

Wir gehen jetzt zu den Solfataren über, deren es auf diesem Zuge so viele und bedeutende giebt, daß sie Gelegenheit zu einer sehr beträchtlichen Schwefelgewinnung gegeben haben. In Toscana sind die bedeutendsten dieser Schwefelsublimationen die sogenannten Fumacchien, von den Schriftstellern Lagonen, auch Boraxseen genannt. Sie liegen drei bis sechs Meilen südwestlich von Volterra. Aehnlich wie bei Scansano finden sich hier schmale Thäler zwischen Kalkstein eingeschnitten, in deren Mitte ein Bach läuft. Auf der Thalsohle finden sich eine Menge kleiner Oeffnungen, aus denen heißes Schwefelwasserstoffgas gewaltsam mit großem Geräusch hervorströmt. Ebenfalls findet sich wie bei Scansano der hornsteinartige Quarz in Stücken, meist mit sublimirtem

Schwefel umgeben, überall auf der Thalsohle herumliegen. Im Bach selbst oder in seiner Nähe wird an den Oeffnungen woraus das Gas hervorströmt durch dessen Heftigkeit das Erdreich weggestoßen, und so bilden sich kesselförmige Vertiefungen, die von dem darüber laufenden Bache oder durch Regen mit Wasser angefüllt werden. Dieses Wasser wird von dem heftig ausströmenden Gase Fußhoch in die Höhe geworfen und dadurch mit dem Erdreich vermischt, so daß es einen dünnen Schlamm bildet. Diese kesselförmigen Vertiefungen haben in ihrer natürlichen Gestalt drei bis fünf Fuß im Durchmesser, und da im Italienischen die kleinsten Pfützen, wie sie z. B. gleich nach einem Regen entstehen, auch Laghi genannt werden, so sind diese Vertiefungen mit Wasser angefüllt, Lagonen genannt werden. Das ausströmende Gas ist so heiß daß es das Wasser in den Vertiefungen bei seiner Durchströmung zum Sieden bringt, und also eine Menge Wasserdämpfe entwickelt, die von dem gewaltig ausströmenden Gase als eine Rauchsäule dreißig bis vierzig und bei günstiger Witterung über hundert Fuß hoch emporgehoben werden, und dann als Rauchwolken dem Luftzug nach fortziehen. Wegen dieser Rauchsäulen wird diese ganze Erscheinung von den Bewohnern der dortigen Gegenden Fumacchien genannt. — Das schlammige, heiße, aufsprudelnde Wasser nimmt in diesen Vertiefungen nicht zu, fließt also auch nie über; im Gegentheil trocknet es leicht aus, so daß man die meisten Vertiefungen trocken, und in der Mitte derselben die Oeffnungen sieht, aus denen das Gas hervorströmt. Dies beweist daß es nicht Quelle ist, sondern sein Daseln dem Bache und dem Regen verdankt. Man sieht hieraus daß Brongniart in seiner Schrift über Serpentine u. s. w. sich durch das Aufwallen des Wassers, das durch das ausströmende Gas verursacht wird, hat so weit hintergehen lassen, die Lagonen für aussprudelnde heiße Quellen zu halten. — In dem schlammigen Wasser dieser Vertiefungen findet sich die Boraxsäure. Um sie zu gewinnen werden die Vertiefungen bis auf einen Durchmesser von acht bis zehn Fuß erweitert; es wird Wasser hineingeleitet, um mehr Material für die Gewinnung zu erhalten. Die Benennung Lagonen hat zu dem Mißverständniß Anlaß gegeben, daß hier ganze Seen von Boraxsäurehaltigem Wasser wären. — Das heiße Gas verändert seine Ausströmungsöffnungen sehr oft, und strömt mit solcher Heftigkeit aus, daß man das Sausen der Fumacchien hört, wenn man noch eine halbe Stunde davon entfernt ist. Die Rauchsäulen sieht man acht Meilen weit; denn die Fumacchien von Monte rotondo werden sehr deutlich von den höhern Bergen der Insel Elba gesehen. Der Geruch des Schwefelwasserstoffgases ist weit umher verbreitet. Der Boden ist in der Nähe der Vertiefungen ganz heiß. — Dieses Gas setzt eine große Menge von Schwefel ab, nicht nur um die Oeffnungen woraus es strömt, sondern es überzieht auch die Schollen und Steine umher mit einer Kruste von Schwefel, welche Crostoni genannt und zu einer bedeutenden Schwefelgewinnung benutzt wurden. Man hat die Beobachtung gemacht, daß der weggenommene Schwefel binnen sechs Jahren vom Gase wieder erzeugt wird.

Diese Fumacchien finden sich in bedeutender Menge zwischen Volterra und dem mittelländischen Meere, in der Gegend von Monte rotondo. Westlich von diesem Ort liegt ein bedeutender Berg fast ganz frei, denn er stößt nur gegen Nordost an eine niedrigere Kette etwas an. Aus den Winkeln die dieser Berg mit der Kette macht, ziehen sich zwei Thäler herab, das eine in südöstlicher Richtung gegen Monte rotondo zu, das andere in nordwestlicher, nach Serrazano zu. Beide Thäler sind etwa eine und eine halbe Stunde lang. In diesen Thälern gehen die Oeffnungen mit dem ausströmenden Gase sowohl wie auch die Lagonen in ununterbrochener Reihe durch ihre ganze Erstreckung. Die Fumacchien im Thal auf der Seite von Monte rotondo sind nach diesem Orte benannt; die im entgegengesetzten Thale heißen die Fumacchien von Sasso. Gehen wir von diesen letztern in nordwestlicher Richtung aufs Gebiet von Serrazano, so finden wir dort wieder zwei Reihen von Fumacchien. Aus der geognostischen Untersuchung geht hervor, daß die Fumacchien von Monte rotondo, Sasso und Serrazano auf einem und demselben Lager liegen, das von Nordwest nach Südost, etwa drei Stunden weit, zwischen Kalkstein hinstreicht. Die Quarze die sich in diesen Thälern finden, so wie die bedeutende Schwefelerzeugung, die zu beträchtlichem Gewinn desselben Gelegenheit giebt, vereinigt mit der übrigen geognostischen Gleichheit zwischen diesem Lager und dem von Scansano, lassen mit Bestimmtheit schließen, daß auch dieses Lager aus Quarz und Schwefel der in einer chemischen Thätigkeit begriffen ist, bestehe, und daß es um vieles mächtiger und bedeutender als das von Scansano ist. Außer diesem großen Lager finden sich mehrere kleinere, auf denen die Fumacchien etwa eine viertel bis eine halbe Stunde fortsetzen. Nördlich von Monte rotondo sind die Fumacchien von Monte Cerboli; hier ist gegenwärtig die Boraxfabrik. Andere sind bei Monte nuovo. Die dritten sind bei Travalla. Diese letztern haben während dem Continentalsystem den bedeutendsten Schwefelgewinn gegeben, da hier wöchentlich zwanzig tausend leichte Pfund aus Crostoni gewonnen wurden. Südlich von Monte rotondo finden sich Fumacchien am See von Monte rotondo, und etwas weiter sind die von Giustiniani. Am beträchtlichsten sind die von Carboli. Von den vielen Schwefelwerken die auf Crostoni der Fumacchien bauten, ist hier noch ein einziges ganz unbedeutendes in Betrieb; es gewinnt wöchentlich acht hundert bis tausend leichte Pfund, da es nur mit einem Manne belegt ist.

Außer dem großen Lager auf welchem die Fumacchien von Monte rotondo, Sasso und Serrazano sind, und das Schwefelwasserstoffgas aus vielen tausend Oeffnungen ausströmt, haben wir kleinere an sechs verschiedenen Punkten gesehen. Woraus sich abnehmen läßt wie bedeutend die Schwefelniederlagen in der Gegend von Monte rotondo sein müssen.

Wir kommen jetzt zu den eigentlichen Solfataren, die sich von den Fumacchien vorzüglich dadurch unterscheiden, daß das Schwefelwasserstoffgas ohne sich einzelne Oeffnungen zu bilden, aus welchen das Gas allein gewaltig und schnell ausströmt, wie dies bei den Fumacchien der Fall ist, das Erdreich allmählig und ruhig durchzieht. Wir können hieraus schließen daß die Schwefellager, welche Solfataren erzeugen, nicht in so heftiger chemischer Thätigkeit begriffen sind, als die welche Fumacchien erzeugen. Es giebt einige Solfataren, an welchen das Gas heiß ist, an den meisten aber ist es kalt.

Der Schwefel der sich in dem Erdreich bildet, durch welches das Schwefelwasserstoffgas durchzieht, war zu den Zeiten des Continentalsystems ein bedeutender Gegenstand der Gewinnung, und beschäftigt jetzt noch mehrere Schwefelhütten. Diese Art der Gewinnung ist natürlich die wohlfeilste, indem die mit Schwefel geschwängerte Erde und Gerölle mit leichter Mühe abgegraben und in die Destillirgefäße gebracht werden, ganz wie es mit den Crostoni bei den Fumacchien geschieht, und auf diese Art ein zu jeder Zeit kostbarer Bergbau ganz vermieden wird. Auch von den Solfataren führe ich nur die bedeutenderen an, die Gelegenheit zur Schwefelgewinnung gegeben haben. — In Toskana schließen sie sich im Sanesischen an die Fumacchien südöstlich an.

Bei Petriolo findet sich eine heiße Solfatare neben einer heißen und sehr mächtigen Schwefelquelle. Der Schwefel der hier gewonnen wurde ist der reinste und schönste von allen denen die ich gesehen habe. Jedoch hat die große Hitze des Erdreichs die Arbeiter bald an ihrem Geschäft verhindert. Eine halbe Viertelstunde gegen Mitternacht liegen zwei kleinere kalte Solfataren im Quarzgestein.

Bei Selvena finden sich mehrere kalte Solfataren; auch ist hier ein Punkt merkwürdig, wo das kalte Gas aus einer Oeffnung die etwa zwei Zoll im Durchmesser hat, mit starkem Brausen gewaltsam hervordringt. Das Gebirg ist hier Kalkstein.

Zwischen Campiglia sull' Orcia und Abadia di S. Salvatore findet sich eine heiße Solfatare im Gyps.

Im Römischen Gebiet finden wir auf diesem Zuge sehr viele und bedeutende Solfataren, jedoch in etwas veränderter Gestalt; weil hier die Mergel- und Kalksteingebirge, welche die Schwefellager enthalten, von einem flachen Trappgebirge in abweichender und übergreifender Lagerung bedeckt sind. Das aus jenen aufsteigende Schwefelwasserstoffgas muß also erst durch den Trapp hindurch; hierbei entzieht es demselben auf dergleichen Punkten das Eisen, bildet Vitriol, und entfärbt dadurch diese Gesteine vollkommen;

eben so geht es mit der Thonerde dieser Gebilde Verbindungen ein, und es entsteht Alaun; zugleich setzt sich eine bedeutende Menge Schwefel ab, im Basalt auf Klüften: in den lockerern und zerreiblichen Wacken, wie sie am gewöhnlichsten dort sind, ist das ganze Gestein damit geschwängert.

Gegenwärtig arbeiten noch drei Schwefelwerke auf dieser Art sublimirten Schwefels.

Das erste Schwefelwerk findet sich zu Latera, südwestlich von Bolsena. Der Schwefel findet sich auf Klüften in ganz entfärbtem Basalt; er ist meist fasrig, und von krummschaliger Absonderung; in der Grube ist er ganz feucht. Die Entwickelung des Schwefelwasserstoffgas so wie des kohlensauren Gases ist sehr stark und ganz kalt. Die Schwefelgewinnung beläuft sich gegen zwei hundert funfzig tausend leichte Pfund jährlich. Es giebt hier noch mehrere Solfataren, die aber unbenutzt sind.

Das zweite Schwefelwerk ist eine Stunde südöstlich von Toscanella am Martaflusse. Der sublimirte Schwefel findet sich in einer weichen Wacke z. B. blos Thon der zwischen säulenförmigem Porphyrschiefer und Kalkstein liegt. Der Bau war bei meinem Dortsein erst wieder an einem frischen Punkte aufgenommen worden, da der Bezirk der Gasentwickelung sehr bedeutend ist.

Das dritte und bedeutendste Schwefelwerk ist das von Monte migliore, westlich von Albano. Der

Schwefel findet sich hier in einer porösen, breccienartigen, zerreiblichen Wacke abgesetzt.

Unter Napoleons Regierung waren Schwefelwerke auf folgenden Solfataren, in der Reihe von Nordwest nach Südost, 1) bei Valentano, nahe bei Latera, 2) bei Monte Fiascone, 3) am Vitriolwerk von Viterbo, 4) Val di Gamera bei Bagnaja, in der Nähe von Viterbo, 5) bei Cannale, 6) im Walde von Menziana, 7) bei S. Vito, 8) bei S. Giuliano, 9) bei Scrofano, 10) bei Ardea, südwestlich von Albano. Ueberall fand ich den Schwefel in mehr oder weniger festen Wacken abgesetzt. Sämmtliche Werke sind nicht mehr in Betrieb. Denn bei Viterbo wird zwar Vitriol aus Schwefelkies gewonnen, der sich aus Brauneisenstein der lange vom Schwefelwasserstoffgas berührt wird, bildet; und bei Scrofano gewinnt man etwas Vitriol, der sich nebst dem Schwefel in der Wacke findet. Schwefel selbst wird aber auf keinem der genannten zehn Punkte mehr gewonnen.

Hierzu können wir noch drei andere Solfataren anführen, die sich im Mergel und quarzigen Kalkstein an Stellen finden, die vom Trappgebilde entblößt sind, und die auch zur Schwefelgewinnung benutzt wurden; nehmlich die von Triatella und Castel Campanile, südlich von S. Giulano, und eine dritte südöstlich von Civita vecchia.

Da sich vom Römischen Gebiet weg der Zug meist unter dem mittelländischen Meere fortzieht, so finden wir im Neapolitanischen nur sehr wenig Solfataren. Am Garigliano, östlich von der Brücke über welche die römische Straße geht, finden sich mehrere kleinere. Bekannt ist die von Puzzuoli, so wie die Gewinnung von Schwefel und Alaun auf derselben. Auf Ischia ist an mehreren Stellen Schwefel gefunden worden, der durch Sublimation entstanden scheint.

Auf den Liparischen Inseln, berichtet uns Spallanzani, findet sich auf Vulcano eine sehr bedeutende Solfatare, welche bis vier hundert tausend Pfund Schwefel und sechs tausend Pfund Alaun jährlichen Gewinn gegeben hat; aber wegen der großen Hitze sei die Fortsetzung des Betriebs unterblieben.

Ehe wir den Schwefel dieses Zuges ganz verlassen, müssen wir noch die Schwefelseen und die sehr starken heißen Schwefelquellen erwähnen. — Die Schwefelseen sind Bassins, die eine viertel bis eine halbe Stunde im Umfange haben, verhältnißmäßig sehr tief sind, bedeutende Bäche aussenden, und einen eben so bedeutenden unterirdischen Zufluß haben. Das Wasser derselben ist nicht ganz kalt, etwa zwölf Grad; es ist nicht klar, sondern milchig. Auf dem Boden setzt sich ein sehr schwefelhaltiger Schlamm ab, der als ein äußerliches Heilmittel gebraucht wird. Diese Seen, so wie die Bäche welche von ihnen ausfließen, entwickeln eine außerordentliche Menge von Schwefelwasserstoffgas, und setzen Kalksinter in bedeutender Menge ab. Dergleichen Schwefelseen finden sich in Toscana bei Monte rotondo und Talamone.

mone, im Römischen Gebiet bei Viterbo, wo er Naviso heißt, und bei Tivoli. — Starke Schwefelquellen sind in Toscana bei Petriolo, bei Saturnia, und bei den Bädern des S. Philipp: im Römischen Gebiet der Bulicame bei Viterbo. Am merkwürdigsten ist die Quelle bei den Bädern des S. Philipp; sie hat bereits einen kleinen Bergrücken von achtzig bis hundert Fuß Höhe und einer Viertelstunde Länge von Kalksinter angehäuft, der Stellenweis so viel Schwefel enthält, daß man zu den Zeiten des Continentalsystems ein Schwefelwerk mit Vortheil darauf betrieb. Kleinere Schwefelquellen sowohl heiße als kalte giebt es in bedeutender Zahl. Ich führe nur diejenigen davon an, die bei Viterbo in sehr großer Menge auf einer Linie sich finden, die von den Bädern von Viterbo über den Bulicame in der Richtung nach dem See von Bolsena bis Le Serpe etwa anderthalb Stunden fortsetzt. Diese Quellen haben einen kleinen, fast ununterbrochenen Rücken von Kalksinter gebildet, der wie sie selbst von Nordwest nach Südost streicht.

Asphalt.

Auch auf diesem Zuge finden wir den Asphalt nur in sehr geringer Menge. Bekannt sind die Quellen des flüssigen Asphalt im Parmesanischen und Modenesischen. Bei Monte rotondo findet er sich bisweilen in geringer Menge auf dem Wasser der Fumacchien. Am bedeutendsten ist der feste Asphalt bei

Castro im Römischen Gebiet, wo er in rundlichen Parthien im Kalkstein eingewachsen, auch als Breccie mit ihm verwachsen vorkömmt. Man benutzt ihn hier um flüssigen Asphalt daraus zu bereiten, indem man ihn im Wasser kocht, wodurch sich der flüssige Asphalt bildet, und auf der Oberfläche des Wassers sammlet. Noch hat Spadoni den festen Asphalt im Kalkstein von Trisulti, bei Alatri, jedoch in sehr geringer Menge angetroffen. — Im Neapolitanischen finden wir ihn als unbedeutende Quelle auf dem Golf von Neapel eine halbe Stunde von Torre del Greco.

Steinkohlen.

Sie finden sich auch auf diesem Zuge in sehr geringer Menge, da die Gebirge auf dieser Seite der Apenninen auch aus Kalk und Mergel bestehen, und in dem Römischen Trappgebilde sich keine Spur davon zeigt. — In der Nähe von Monte Catini bei Volterra liegt ein Flötz von einer Art Braunkohle im sandigen Mergel; es ist etwa einen Fuß mächtig, hält aber nicht aus, wie ein Versuchbau gelehrt hat. — Nicht weit vom Miemo findet sich im Mergel eine Braunkohle in Nestern. In der Nähe des Schwefels von Fontebagni und Civitella finden sich kleine Trümmer von Schwarzkohle, etwa einen halben Zoll mächtig und einen Fuß lang, im Mergel. — Bei Marsigliano, nicht weit von Scansano, findet sich ein kleines, etwa einen halben Fuß mächtiges Flötz von Pechkohle im Mergel. — Bei Cana, gleichfalls in der Nähe von Scansano, findet sich ein Flötz von Braunkohle, etwa einen Fuß mächtig, im Kalkstein.

Schwefelmetalle.

Auf diesem Zuge findet sich eine bedeutende Niederlage derselben. In Toscana zwischen Massa maritima und Montieri ist eine ansehnliche Niederlage von Kupfer- und Schwefelkies, Bleiglanz und Blende. Montieri hat seinen Namen Mons aeris davon erhalten; und noch sieht man die Ueberreste eines großen Baues, der an einer Stelle, die Porta di Ferro genannt wird, darauf geführt wurde.

Bei dem Schwefellager von Scansano, so wie bei Selvena, finden sich Schwefelkieslager; beide sind sehr klein, obgleich sie auf kurze Zeit zu Vitriol benutzt wurden, indem man den über Tage zersetzten Theil auslaugte; nie ist ein wirklicher Bau darauf geführt worden. — Am bedeutendsten findet sich der Schwefelkies in den Eisensteinlagern der Inseln Elba und Giglio, wenn man diese noch hieher rechnen will. — Wir haben das Grauspießglanzerz schon im Schwefel von Scansano kennen gelernt; es findet sich auch in den Solfataren und auf den Feldern von Selvena, so wie bei Campiglia sull' Orcia. Etwas Zinnober kommt bei Selvena und Castellazara vor; am erstgenannten Orte wurde eine kurze Zeit Quecksilber darauf gewonnen. — Im Römischen Gebiet ist die Trappdecke Ursach daß wir es ganz übergehen müssen. — Im Neapolitanischen und in Sicilien kennen wir noch zu wenig, und sind auf die wenigen Angaben des Dolomieu beschränkt, der in Calabrien bei Pizzo am Golf von S. Euphemia Granit mit Schwefelkies und in Sicilien im Val Demona bei Fundaco einen schwarzen Schieferfelsen, der Erzgänge enthält, und Schwefel, Vitriol und Alaun ausblüht, angiebt.

Alaunstein.

In Toscana findet er sich in der Gegend von Monte rotondo an fünf verschiedenen Punkten. Eine Hauptniederlage ist bei Massa maritima, die im sechzehnten und siebzehnten Jahrhundert sogar mit la Tolfa wetteiferte, so daß sich die Päbste des Interdicts gegen die Bischöfe von Massa bedienten, um dieses Alaunwerk zu unterdrücken. Gegenwärtig liegt es, da der Alaunstein so weit über Tage abgebaut ist, als man es durch unregelmäßige Steinbrüche thun kann. Die zweite Hauptniederlage findet sich zu Montioni. Hier wird ein sehr schöner Alaunstein im Quarz gebrochen; das Werk ist gegenwärtig noch in Betrieb. Unbedeutendere Niederlagen, die ehedem benutzt wurden, sind zu Campiglia di Pisa, Frassinelle und zu Monte rotondo selbst. — Im Römischen ist die Alaunsteinniederlage von la Tolfa bekannt. — Im Neapolitanischen führt Breislac Alaunstein auf Ischia an. — Wir sehen hieraus wie der Alaunstein auf dem mittelländischen Zuge in der Nähe des Schwefels vorkommt, und daß dadurch seine Entstehung um so natürlicher scheint, indem sie zugleich einen Beweis für die Größe der Schwefelbildung ablegt.

Auch auf diesem Zuge finden wir das salzsaure Natron; zuerst im Modenesischen bei den Salsen die davon ihren Namen haben. Spalanzani giebt deren drei an, die Salse von Querzuola, von Sassuolo und von Maina. Die Salsen sind Ausströmungen von Wasserstoffgas, das mit kohlensaurem Gase vermischt ist. Diese Gase bringen einen Schlamm herauf, der aus einem sandigen Mergel, Kochsalz und etwas Asphalt besteht; dieser Schlamm häuft sich in kleinen Hügeln um die Ausströmungsöffnungen auf. Man hat Beispiele daß die Ausströmungen des Gases so heftig werden, daß sie vollkommene Ausbrüche bilden, welche Felsenmassen und Schlamm in so großer Menge auswerfen, daß man sie als kleine Schlammvulkane ansehen kann. Von der Salse von Sassuolo erzählt Plinius einen solchen Ausbruch. Ein zweiter Ausbruch fand im Jahr 1790 statt. Von der Salse von Querzuola führt Spalanzani zwei Ausbrüche an, in den Jahren 1754 und 1772. Die Ausbrüche waren ohne Flammen. Die ausgeworfenen Steine waren Kalksteine mit Schwefelkiesen.

Das Kochsalz ist ein vorzüglicher Bestandtheil der meisten Heilquellen am südlichen Fuß der Apenninen in Toskana. Bei Volterra sind so bedeutende Salzquellen, daß durch sie ganz Toscana mit Salz versehen wird. Sie sind nahe bei Fontebagni in demselben Gyps, in welchem sich die Schwefelflötze befinden. Im Jahr 1817 durchteufte man bei Absenkung eines Schachtes im Gypse ein Steinsalzlager von zwei ein halb Lachter Mächtigkeit; man verfolgte es auf keine Weise, aus Besorgniß die Salzquellen die einen so sichern Gewinn geben, zu stören. Dies Steinsalz ist sehr rein, etwas röthlich vom Eisen gefärbt, von kleinkörniger und dünnfasriger Absonderung. — Noch findet sich in Toscana eine unbedeutende Salzquelle bei Castiglion d'Orcia im Sanesischen. — Im Neapolitanischen sind kochsalzhaltige Quellen bei Castellamare und bei Salerno. — In Sicilien findet sich Steinsalz, dessen genaueres Vorkommen ich nicht habe erfahren können; wahrscheinlich findet es sich im Gyps worin der Schwefel bricht.

Noch muß ich hier eines, so viel mir bekannt ist, noch nicht aufgeführten Vorkommens des salzsauren Natrons erwähnen. In Toscana wie im Römischen Gebiet kommen die Alaunsteinlager im Quarz vor, der stellenweis thonig ist. In diesem thonig quarzigen Gestein findet sich in Toscana am Alaunsteinlager von Frassinelle und Campiglia di Pisa das salzsaure Natron in solcher Menge enthalten, daß man es durch die bloße Berührung des Gesteins mit der Zunge sehr deutlich schmeckt.

Nachdem wir eine so bedeutende Menge von Punkten an denen sich brennbare Stoffe befinden aufgeführt haben, wird jeder der ihre Lage auf der Karte berücksichtiget, und sie als ein Ganzes zusammenfaßt, einen Hauptzug, der auf oben angegebene Art von Nordwest nach Südost streicht, festsetzen müssen.

Wir haben eine sehr große und mannichfache chemische Thätigkeit auf diesem Zuge gesehen. — Daß die vielfache und überall so bedeutende Schwefelerzeugung durch Schwefelwasserstoffgas nur dem Schwefel zuzuschreiben sei, darüber können die Meinungen nicht getheilt sein. Ob der Schwefel aber allein für sich, oder ob Schwefelmetalle dieser Erscheinung ihren Ursprung geben, darüber möchten die Meinungen getheilter sein, da man den Schwefelkies schon längst als Ursache dieser Erscheinung angesehen hat.

Wir kennen mehrere Arten von Zersetzungen des Schwefelkieses. Eine findet zwar überall statt, aber ich habe sie vorzüglich in den Weinbergen und Feldern auf dem Eisensteingebirge der Insel Elba wahrgenommen; es ist diejenige Zersetzung, durch die der Schwefelkies in Brauneisenstein verwandelt wird. Dies geschieht durch eine Wasserzersetzung, wobei der Schwefel sich mit dem Wasserstoffgas verbindet und verflüchtiget, das Eisen hingegen mit dem Sauerstoff zu Brauneisenstein wird; diese Zersetzung geht so allmählig vor sich, daß sie den Sinnen nicht wahrnehmbar ist, auch die Form des Schwefelkieses so wenig zerstört, daß die scharfen Kanten und glatten Flächen der Krystalle ganz erhalten bleiben. Dies ist freilich nur dadurch möglich, daß Sonne und Luft das Regenwasser wegtrocknen, und die eben angefangene Zersetzung wieder hemmen. Diese Art der Zersetzung ist also gar nicht auf die Erzeugung der Solfataren anwendbar, da keine von obigen Bedingungen dabei statt finden kann. Eine zweite Zersetzung ist die durch Luft und Wasser, welche den Schwefelkies in Vitriol umändert. Da hierbei der Schwefel in Schwefelsäure verwandelt, auch auf keine Weise verflüchtiget wird, so können wir sie hier eben so wenig wie die vorige berücksichtigen. Die dritte Zersetzungs-Art geschieht durch Säuren, wobei Schwefelwasserstoffgas und Vitriol gebildet wird. Wer diese Zersetzung des Schwefelkieses annehmen wollte, hätte nichts gewonnen, denn er müßte den so bedeutenden Zufluß freier Säuren nachweisen, und somit seine Arbeit wieder von vorne anfangen. Wollte jemand ohne weitere Gründe anzuführen, dennoch diese Erscheinung von Schwefelkiesen ableiten, so läßt sich diese Meinung vollkommen wiederlegen. Denn wäre dies der Fall, so müßten erstlich die Schwefelseen vitriolisch sein, oder doch sonst Eisen in bedeutender Menge bei sich führen. Dies ist aber nicht der Fall, und ich behaupte es um so bestimmter, da ich einige vitriolische Quellen in Italien kenne, die freilich klein und kümmerlich sind, und eben so auch einige dürftige Schwefelquellen, die auf dem ersten Theil ihres Laufs Schwefel und etwas weiter rothes Eisenoxyd in großer Menge absezen, und dann ohne weitere Niederschläge fortfließen. Dies ist weder bei den Schwefelseen noch bei den andern genannten Schwefelquellen der Fall, die nur Schwefel, Kalk und Gypssinter absetzen. Zweitens müßte geognostisch nachgewiesen werden, daß die dortigen Gebirge so große Schwefelkiesniederlagen enthalten, von denen ein Theil in Zersetzung begriffen sei. Wir haben aber gesehen daß der Schwefelkies sich nur in wenigen und unbedeutenden Lagern dort findet. So weit zeigt sich daß die Solfataren keinesweges vom Schwefelkies abzuleiten sind.

Durch die Aufstellung des adriatischen und mittelländischen Zuges geht hervor, daß der Schwefel in hinlänglicher Menge vorhanden sei, um den Solfataren ihr Dasein geben zu können. — Die Geschichte der Schwefelgrube von Scansano legt einen unwiderleglichen Beweis ab, daß Schwefellager den Solfataren den Ursprung geben. Die Schwefelseen und Schwefelquellen, die nebst dem Schwefel Gyps und Kalksinter absetzen, bestätigen es, da diese beiden Gesteine die Schwefellager einschließen. So sind es also die Solfataren selbst, die zu sichern Anzeigen von verborgenen Schwefellagern dienen. Obgleich wir auf dem mittelländischen Zuge den natürlichen Schwefel nur auf vier Punkten, in Toscana und dann in Sicilien kennen gelernt haben, so trage ich kein Bedenken, gestützt auf jene Schwefelsublimationen, und auf die daraus folgenden Thatsachen, zu behaupten, daß die Schwefelniederlage auf diesem Zuge ungleich größer ist als auf dem adriatischen. Denn überdenken wir die Menge von Fumacchien, Solfataren, Schwefelseen und großen Schwefelquellen, berücksichtigen wir daß von dem zerstörten Schwefel nur ein sehr geringer Theil sich wieder erzeugt, der meiste aber als Schwefelwasserstoffgas ganz in die Luft geht, und daß auf diesem kleinen Theil dennoch eine so bedeutende Schwefelgewinnung statt gefunden hat und statt finden kann, so können wir einen ungefähren Schluß auf die Größe der Schwefellager machen, die diesen Erscheinungen den Ursprung geben.

Vergleichen wir die außerordentliche chemische Thätigkeit auf dem mittelländischen Zuge mit der fast vollkommenen Ruhe auf dem adriatischen, so können wir wohl die Schwefelmetalle als Ursache hiervon ansehen. Wir haben gesehen daß sie auf dem adriatischen Zuge fast ganz fehlen. Auf dem mittelländischen hingegen haben wir in Scansano den Grauspießglanz mit dem Schwefel gemischt, und den Schwefelkies mit demselben Lager, bei Selvena haben wir Grauspießglanz, Schwefelkies und Zinnober in und bei den Solfataren vorkommen gesehen. Wir kennen die leichte Zersetzbarkeit des Schwefelkieses, wodurch er nicht nur kalte chemische Regungen, sondern wie wir durch unsere Erdbrände auf Steinkohlenflötzen wissen, auch Entzündungen hervorbringen kann. Wir können also wohl annehmen, daß er die erste Anregung zur Zerstörung der Schwefellager giebt, durch welche dann entweder eine heiße oder eine kalte chemische Thätigkeit auf denselben entsteht, so daß bei der heißen Zersetzung derselben Fumacchien, heiße Solfataren und heiße Quellen, bei der kalten die Solfataren und Schwefelseen entstehen.

Um die chemische Thätigkeit auf dem mittelländischen Zuge ganz kennen zu lernen, müssen wir noch einiger Erscheinungen erwähnen. Wir kennen bereits die Salsen im Modenesischen, die in einem Mergel- und Kalksteingebirge befindlich sind. Weil sich die erwähnten Asphaltquellen ganz in der Nähe derselben finden, der von ihnen ausgeworfene Schlamm selbst Asphalt enthält, und die ausströmenden Gasarten Wasserstoffgas und kohlensaures Gas sind, so glaubt Spalanzani daß der Asphalt die Ursache dieser ganzen Erscheinung sei. Ich weiß gegen diese Vermuthung nichts einzuwenden, und stimme ihr ganz bei. Sogar scheint mir der Kochsalzgehalt eine Bestätigung dafür zu seyn, da wir es als Begleiter der brennbaren Stoffe gesehen haben, wie es ja natürlich ist, da wir allgemein das Kochsalz und den Schwefel an so vielen Orten dem Gyps untergeordnet kennen.

Eine zweite Erscheinung sind die Feuer von Pietra mala und Berigazzo auf dem Gipfel der Apenninen zwischen Bologna, Florenz und Pistoja. Das Gebirg besteht aus quarzigem Kalkstein und gewöhnlichem Kalkstein. Aus kleinen Oeffnungen in demselben strömt Wasserstoffgas, das nur wenig Schwefel enthält aus, welches von den dortigen Bewohnern angezündet wird, und so lange fortbrennt, bis es mit Fleiß oder durch Zufälle wieder ausgelöscht wird.

Die dritte Erscheinung sind die Maccaluben bei Girgenti, die von einigen Wasservulkane genannt werden. Mir sind keine genauen Untersuchungen davon bekannt. Die Thatsache ist daß bei Girgenti in einem bestimmten Bezirk Wasser aus mehreren Oeffnungen etwa Fuß hoch in die Höhe geworfen wird.

Diese drei Erscheinungen sind kalt, und müssen also einer kalten Zersetzung ihre Entstehung verdanken.

Die Vulkane.

Es giebt bekanntlich drei Vulkane in Italien, die gegenwärtig thätig sind: Vesuv, Stromboli und Aetna. Ein wahrscheinlich so eben erstorbener ist Vulcano. Einzelne große Ausbrüche welche uns die Geschichte an Punkten angiebt, wo keine fortdauernden Vulkane statt finden, sind auf Ischia, wodurch im Jahre 1302 die Lava dell' Arso und bei Puzzuoli im Jahre 1538 der Monte nuovo entstand. Außer diesen unzweifelhaften Punkten müssen wir aus den Spuren von Skorien und andern Veränderungen des Gesteins, die wahrscheinlicher Weise vom Feuer herrühren, und die wir an mehreren Orten im Römischen Gebiet finden, schließen daß auch hier Feuer gewirkt habe, wenn auch die Geschichte ganz darüber schweigt. Diese Orte im Römischen Gebiet sind Valentano, Viterbo, Frascati und vielleicht Monte rossi.

Erwägen wir die Lage aller dieser Vulkane, so ergiebt sich die große Thatsache, daß sie sämmtlich genau auf dem mittelländischen Zuge brennbarer Stoffe und zum Theil bei Solfataren liegen.

Diese Thatsache allein ist hinreichend, bei jedem der die Wichtigkeit der Streichungslinien, und die großen Folgerungen die man daraus zu ziehen berechtigt ist, kennt, die wohlbegründete Vermuthung zu erregen, daß der Schwefel dieses Zuges auch den Vulkanen Dasein und Fortdauer giebt. Ueberdem haben wir bereits eine so mannichfaltige chemische Thätigkeit auf diesem Zuge kennen lernen, daß wir nicht erstaunen können, wenn wir sie bis zu der Höhe und Heftigkeit, wie sie bei den Vulkanen statt findet, gesteigert sehen.

Die größte Heftigkeit der vulkanischen Thätigkeit zeigt sich in den großen Ausbrüchen; wir wissen aber auch wie selten und kurzdauernd sie sind. Meist findet eine ruhige Rauchentwickelung statt, die bisweilen von kleinen ruhigen Lavaergießungen und kleinen Aschen- und Steinauswürfen begleitet wird. Dieser Rauch besteht aus Schwefelsäure die mit Salzsäure gemischt ist. Wir kennen den Schwefel so wie Steinsalz und Salzquellen in hinlänglicher Menge auf dem mittelländischen Zuge, um diese Säuren davon abzuleiten. Denn da bei den Vulkanen der Oxydationsprozeß größer und heftiger als bei den Solfataren ist, so können wir kein Schwefelwasserstoffgas, sondern schwefelsaures Gas erwarten. Würde jemand dies schwefelsaure Gas vom Gyps ableiten wollen, so träfe er dadurch auf unsern Zug, und könnte auch nicht die Fortdauer dieser Gasentwickelung hinlänglich erklären, die nur allein durch den Stoff möglich ist, der das Feuer unterhält. Was die Salzsäure betrifft, so können wir sie auch zum Theil aus den Gesteinen ableiten, welche zu Laven geschmolzen werden; Spalanzani hat sie im Obsidian, und andere haben sie in Basalten gefunden, die nie vom Feuer berührt waren. Spalanzani erzählt von Stromboli und Vulcano, daß ihre Dämpfe schweflicht sauer seien, und daß im Krater von Vulcano aus diesen Dämpfen sich an den Wänden, welche davon berührt werden, Schwefel absetzt, der tropfsteinartig an ihnen herunterläuft. Diese Thatsachen lassen sich nur von einer fortdauernden Schwefelverbrennung ableiten.

Alle Erzählungen stimmen darin überein, daß bei großen Ausbrüchen eine außerordentliche Entwickelung von schweflicht saurem Gas statt finde. Wie bedeutend und Aufschluß gebend diese Gasentwickelung ist, geht vollständig aus Breislaks schönen Beobachtungen des großen Ausbruchs von Torre del Greco im Jahre 1794 hervor. Er erzählt uns die Verwandlungen mehrerer Gegenstände, über welche die Lava in den Häusern von Torre del Greco geflossen war. Eisengeräthe waren in Vitriol verwandelt; Blei in Bleiglanz, der in Würfeln mit abgestumpften Ecken krystallisirt war; Glockengut war mit Blendekrystallen überzogen; Messing war in Blendekrystallen und Rothkupfererz verwandelt; statt des Weines fand man schwefelsaures Kali. Da überdem die Lava schon mehrere Stunden geflossen war, ehe sie Torre del Greco erreichte, so zeigen jene Verwandelungen um so mehr in wie großer Menge, und wie innig die Verbindung der Schwefeloxyde mit der Lava sein mußte. Diese innige Verbindung aber des Schwefels mit der Lava beweist deutlich genug, daß der Schwefel das Schmelzungsmittel der Gesteine war, aus welchen die Lava gebildet wurde. So sehen wir hierin eine neue und wohlgegründete Bestätigung, den Schwefel als Ursprung der Vulkane anzusehen.

Diese geognostischen und physikalischen Gründe beweisen hinreichend, daß Schwefellager die durch Zersetzung von Schwefellagern entzündet worden sind, diesen Vulkanen Ursprung und Fortdauer geben.

Bei Anbeginn der Forschungen über die Natur der Vulkane sah man, allein auf die physikalischen Erscheinungen bei denselben gestützt, den Schwefel als die Ursache derselben an. Da man ihn aber nur in sehr geringer Menge in der Natur vorhanden kannte, so mußte er bald dem Schwefelkies weichen, indem man sich auf das einzige Experiment stützte, daß ein Gemisch von Eisenfeilspänen und Schwefel, wenn es angefeuchtet wird, sich selbst entzündet. Man sieht sehr leicht, daß dies Experiment nur über die Art der Entzündung Aufschluß geben kann. Spalanzani, obgleich er dieser Meinung zugethan ist, zeigt daß sie noch nicht hinlänglich begründet sei, weil man den Schwefelkies fast nie in der Nähe der Vulkane findet. Ich glaube nicht daß es nöthig ist diese Annahme weiter zu erörtern. Da gezeigt worden ist daß der Schwefelkies nicht den Solfataren zum Grunde liegt, so kann er noch weniger den Vulkanen zum Grunde liegen.

Werner, dessen großer und liebevoller Geist sich immer fest an die Natur im Großen anschloß, wußte sehr wohl daß zur Unterhaltung so großer und langer Verbrennungen als in den Vulkanen statt finden, ein Stoff erfordert werde, der in bedeutender Menge in der Natur vorhanden sei; er kannte die vielen und großen Steinkohlenniederlagen des nördlichern Europas, und es war bekannt daß die Schwefelkiese in den Steinkohlen diese in mehreren Gegenden entzündet und bedeutende Erdbrände verursacht hatten. Diesen großen Winken der Natur folgend glaubte Werner daß der Stoff welcher die Vulkane nährt, die Steinkohlen seien.

Da aber das eigentliche Steinkohlengebirge in der apenninischen Halbinsel ganz fehlt, so daß sich die Steinkohlen im Kalk- und Mergelgebirge meist nur in unbedeutenden Trümmern und Nestern finden, und nur wenige und auch nur dürftige und nicht aushaltende Flötze vorkommen; und da ferner die durch die Verbrennung entstandenen Erzeugnisse der Vulkane gar nicht für die Steinkohlen sondern für den Schwefel sprechen, so kann ich dieser Meinung nicht beitreten, sondern muß aus den dargelegten geognostischen und physikalischen Gründen den Schwefel für den Nahrungsstoff der Vulkane halten.

Geog-

Geognostische Uebersicht der Züge.

Man wird wahrscheinlich vermißt haben daß ich bis jetzt noch nicht erwähnt habe zu welcher Klasse von Gebirgen diejenigen zu zählen sind, in welchen diese Schwefel sich eingelagert finden. Vorläufig kann ich nur die Thatsache mittheilen, daß diese Gebirge von gleicher Bildung und also von gleichem Alter mit dem Zug der Apenninenkette sind. Noch sind die Meinungen über dieses Gebirge getheilt; einige halten es für Uebergangs- andere für Flötzgebirge. Den Erfolg meiner Untersuchungen hierüber kann ich nur in einer ganz ausführlichen Darstellung geben, um nicht Mißverständnisse zu veranlassen.

Da die richtig angegebenen Streichungslinien ein Hauptmittel sind, um Licht und Ordnung über den Bau unseres Planeten zu verbreiten, so wollen wir, ehe wir uns von den beiden Zügen brennbarer Stoffe ganz trennen, noch einen Blick auf ihr weiteres Fortstreichen werfen, so weit es aus größern geognostischen Thatsachen und aus Bemerkungen von Reisebeschreibern hervorgeht.

Gegen Nordwest vereinigen sich beide Züge, so wie wir schon früher angaben daß sie sich auf dieser Seite näherten, und folgen der Richtung der Apenninenkette, indem sie in Oberitalien am nördlichen Fuß derselben sich fortziehen. Bei Tortona wird Schwefel gegraben, und eine bedeutende Reihe von Schwefelwässern, wie bei Aqui u. s. w., verdankt ihnen ohne Zweifel ihren Ursprung. An den Meeralpen scheinen sie ganz aufzuhören. — Auf der südöstlichen Seite erscheint der adriatische Zug in Griechenland wieder, und geht durch Nordgriechenland und das nördliche Kleinasien ans Caspische Meer; der mittelländische Zug geht von Sicilien über die griechischen Inseln nach Syrien und Persien. Sehr merkwürdig ist, daß auf dieser Seite der Züge der Asphalt und das Steinsalz immer vorherrschender werden, und daß die Hauptniederlage derselben im westlichen Asien, so wie die Hauptniederlage des Schwefels in Italien ist. Auch haben wir bis jetzt keine Nachrichten von einem bedeutenderen Vorkommen dieser Stoffe in anderen Gegenden der Erde, als die genannten. Denn wir wissen daß im westlichen Asien das Steinsalz ganze Gebirge bildet, und zu Bausteinen wie der Asphalt zu Mörtel benutzt wird. Auch hat der Asphalt den Namen Judenpech, von dem bedeutenden Vorkommen in Syrien, dem ehemaligen Aufenthalt der Juden, erhalten.

Die chemische Thätigkeit, die auch hier herrscht, ist durch ältere und neuere Schriftsteller hinlänglich bekannt. Ich darf nur an die größern Erscheinungen, als an Santorine, an die Asphaltquellen in Syrien, an die Erscheinungen am Caspischen und todten Meere erinnern. — Kleinere Erscheinungen die jene größeren verbinden, sind uns durch die Reisenden, von Strabo an bis zu Pouqueville, in großer Menge aufgezeichnet.

Günstige Anlage der Gebirge in Italien um Vulkane zu erzeugen und zu unterhalten.

Nach der Aufführung der brennbaren Stoffe die dem vulkanischen Feuer Ursprung und Fortdauer geben, sollte die natürliche Anlage der Gebirge selbst, welche eine Entzündung und überhaupt eine chemische Thätigkeit möglich machen und begünstigen, untersucht werden.

Bekannt ist daß Luft und Wasser Hauptbedingungen aller chemischen Thätigkeit sind. Läßt sich also zeigen, daß Luft und Wasser einen leichten Zutritt zu den Niederlagen der brennbaren Stoffe haben können, so ist, was verlangt wird, erfüllt.

Wir haben gesehen daß sich jene Niederlagen theils im Kalkstein, theils in dem ihm untergeordneten Mergel befinden. Ueberdem ist Kalkstein in der ganzen apenninischen Halbinsel ganz vorherrschend, so daß, materiell genommen, die ihm untergeordneten Lager, wie auch das flach darüber hingelagerte Trappgebilde im Römischen Gebiet und in Campanien, sehr unbedeutend erscheinen. Erinnern wir uns an die allgemeine Eigenschaft der Kalkgebirge Höhlen und unterirdische Wasserwirthschaft zu hegen, wie sie uns in Krain, im Vicentinischen, am Jura, am Harz, in Franken und an vielen andern Orten bekannt sind, so wird die Vermuthung rege daß dies auch hier statt finde. Folgende Thatsachen beweisen hinlänglich, daß dem wirklich so ist.

Die süße Quelle im Golf von Spezia, welche die Bewunderung aller dort Reisenden auf sich zieht, entsteht ohne Zweifel dadurch, daß das Wasser des daneben liegenden schroffen Kalksteingebirges sich in die Tiefe zieht, nahe am Ufer, jedoch unter dem Meere, sich einen Weg eröffnet hat, und sich dadurch ins Gleichgewicht setzt, so daß es auf dem Punkt im Meere, der über der Oeffnung liegt, ein leichtes Aufwallen verursacht.

Zwischen Foligno und Spoleto bei Vena kommt ein bedeutender Bach unmittelbar aus dem Felsen. Dieser auffallenden Erscheinung verdankt der Ort Vena seinen Namen; auch veranlaßte sie die Alten ihr einen kleinen Tempel zu weihen, dessen Ruinen man jetzt noch sieht.

Der See von Anagni im Römischen Gebiet, dessen Umfang etwa eine halbe Stunde beträgt, war im August des Jahres 1818 verschwunden, und statt seiner sah man den Bach, der sich sonst in ihn ergoß, durch das trockne Bette des Sees laufen, und sich an der südlichen Seite desselben in einen unterirdischen Schlund stürzen. Durch eine anhaltende Trockenheit war der Zufluß dieses Sees geringer geworden als der unterirdische Abfluß desselben; so trocknete er also aus, und zeigte dadurch dieses merkwürdige Verhältniß.

Gleichfalls im Römischen Gebiet, nicht weit von diesem See, findet sich bei Collepardi eine große Höhle im Kalkstein.

In Abruzzo nimmt der große See von Celano das Wasser der vielen hohen ihn umgebenden Gebirge auf, ohne einen Abfluß über Tage zu haben; daher fließt es unterirdisch ab. Man kennt auch den Punkt wo dies geschieht, nehmlich an seiner westlichen Seite. Bei mehreren nassen Jahren wird der Zufluß größer als der Abfluß, und setzt dadurch Ländereien, ja sogar ganze Ortschaften unter Wasser. Gegenwärtig ist er seit zwanzig Jahren her im Wachsen. In frühern Zeiten ließ Kaiser Claudius, um diesem Uebel abzuhelfen, einen Stolln treiben, der am westlichen Ufer, etwas nördlich von dem unterirdischen Abfluß, angesetzt war, und die Wasser eine deutsche Meile weit ins Liristhal führte. Da er seit langer Zeit verfallen ist, so leistet er diesen Dienst nicht mehr.

Die pontinischen Sümpfe haben ihre Entstehung durch unterirdische Quellen erhalten, die auf dem Boden dieser niedrigen Ebene hervorkommen, durch die geringe Neigung der Ebene keinen allzuraschen Lauf haben, und dadurch, vereinigt mit dem warmen Clima eine sehr üppige Vegetation erzeugen, die den Wasserlauf hemmt, und nach und nach eine Stockung hervorbringt, welche die Vegetation nur noch mehr begünstigt; so daß der Wasserlauf durch Canäle bewirkt werden, und diese durch fortgesetzte Arbeiten vor dem Zuwachsen bewahrt werden müssen. Die größte dieser Quellen die ich kenne, ist die von Ninfa, unter Norma. Sie bildet bei ihrem Austritt ein Bassin von etwa hundert Fuß im Umfange, und kommt so gewaltsam hervor, daß sie in der Mitte einen Fuß hohen Sprudel bildet, der die ganze Oberfläche des Wassers im Bassin in beständiger und starker Wallung erhält.

Im Königreich Neapel, im Principato citra, südöstlich von Eboli, hat der Fluß Negro einen unterirdischen Lauf auf eine bedeutende Strecke, ähnlich der Orbe am Jura und der Laibach in Krain.

Einen großen Beweis von der unterirdischen Wasserverbindung geben die Schwefelgruben von Scansano und Perticara. Beide haben über 120 Lachter Teufe, und dennoch werden sie ohne Stolln und Kunstgezeug betrieben, ob sie gleich an tieferen Punkten liegen.

Daß das Wasser wirklich auf die Niederlagen der brennbaren Stoffe einwirkt, wissen wir bestimmt durch die Schwefelseen und die mächtigen heißen Schwefelquellen, welche Schwefel, Gyps und Kalk, deren ursprüngliches Zusammenvorkommen wir immer bemerkt haben, in solcher Menge aufgelöst enthalten, daß sie durch deren Absetzung ganze Hügelreihen bilden, oder ganze Ebenen bedecken.

Diese unterirdischen Wasserverbindungen allein sehe ich als Ursache der mannigfaltigen chemischen Thätigkeit auf den Niederlagen der brennbaren Stoffe an. Auf diese Weise ist ein Zutritt des Wassers und der Luft gegeben, des Wassers bei nasser Witterung, der Luft bei trockener. Dieser Zutritt muß sich nach den örtlichen Verhältnissen richten, also eben so mannigfach als diese sein, und daher eben so mannigfache Folgen haben. Um dergleichen unterirdische Wasser- und Luftverbindungen vollständig zu erläutern, giebt es wohl kaum ein lehrreicheres Gebiet als das der Sette communi in der Vicentinischen Provinz, dessen Darstellung ich leider hier nicht geben kann, weil sie sich nicht gut ohne Karte geben läßt.

Viele haben einen Zutritt des Meeres zu den Vulkanen angenommen, um die nothwendige Gegenwart des Wassers bei denselben zu erklären, und haben diese Annahme durch zwei Thatsachen zu rechtfertigen gesucht. Diese Thatsachen sind die Salzsäure im Rauch der Vulkane und die Bewegungen des Meeres bei starken Ausbrüchen der Vulkane.

Was die Salzsäure betrifft, so habe ich sie weit bestimmter aus den Salzquellen und Steinsalzlagern, die sich in demselben Gyps befinden der den Schwefel enthält, und aus dem Salzsäure-Gehalt der Felsarten die geschmolzen werden, abgeleitet. — Was aber die Bewegungen des Meeres betrifft, so finden sie gar nicht immer bei großen Ausbrüchen statt. **Breislack** erzählt daß beim Ausbruch des Vesuvs im Jahre 1794 nicht die geringste Bewegung des Meeres statt gefunden hat. Ueberdem ist leicht einzusehen, daß wenn Ausbrüche mit Erdbeben verbunden, die Häuser einstürzen machen, so kann das leicht bewegliche Meer sich wohl auch etwas beunruhigen.

Fast ganz allgemein und wohl mit Recht werden die Klüfte durch die Luft und Wasser ins Innere der Gebirge dringen, als eine Zerstörung angesehen, welche durch die Atmosphäre bewirkt wird. Eine solche Zerstörung können wir unter dem Meere nicht annehmen, weil die Atmosphäre dort nicht wirken kann. Deshalb sehen wir beim englischen Bergbau, wo bedeutende Baue unter dem Meere geführt werden, kein Eindringen des Meeres in dieselben. Wohl aber wissen wir daß das atmosphärische Wasser überall leicht Zugang in die Grubengebäude findet.

Zuletzt bemerken wir daß keine bedeutende Verbindung zwischen dem Meere und einem Vulkane statt finden kann, denn das mächtige Meer würde ihn sehr bald auslöschen. Diejenigen, die nur eine sehr unbedeutende Verbindung, ein bloßes Durchtröpfeln annehmen, können dadurch keine große und schnelle Wirkung hervorbringen, wie sie doch bei den Ausbrüchen der Vulkane statt findet.

Außerdem können wir durch Alexander von Humboldts Beobachtungen einen bestimmten Beweis geben, daß die Vulkane mit dem atmosphärischen Wasser im Zusammenhang stehen. Denn die kleinen eßbaren Fische, von den Spaniern Prennadillas genannt (Pimelodus Cyclopum) die in den Bächen des Königreichs Quito gefangen werden, werden auch von den dortigen Vulkanen, in Schlamm eingehüllt, ausgeworfen.

Sollte das Meer irgend einen Einfluß auf die Vulkane haben, wie man glauben möchte, da sie sich meist in der Nähe desselben befinden, so könnte es vielleicht dadurch sein, daß das Meer die vielen einzelnen und zerstreuten Gasentwickelungen verhinderte, dadurch die chemische Thätigkeit vereinigte, verstärkte und zwänge auf eine gewaltsame Art im Meere selbst, oder noch leichter auf dem nahen festen Lande einen Ausweg zu suchen.

Schluß.

Diese Abhandlung hat zuerst zum Zwecke die verschiedenen Arten des Vorkommens des Schwefels, so wie dessen bedeutende Menge in Italien zu zeigen. Der Schwefel findet sich demnach mit Schwefelkies und Grauspießglanzerz, mit Asphalt, Steinkohlen und Steinsalz in Kalkstein, Mergel und Gyps eingelagert. — Er bildet mehrere Meilen weit fortstreichende Flötzzüge, und auch große einzelne butzenartige Massen. — Er ist auf zwei Hauptzügen vertheilt, auf dem adriatischen und mittelländischen Zuge. Diese Züge streichen von Nordwest nach Südost, indem sie gegen Südost mehr auseinander laufen. Um Mißverständnisse zu verhüten, wurde erinnert, daß der mittelländische Zug durch viele einzelne Schwefelniederlagen, die in ihrer Gesammtheit die angegebene Richtung bestimmen, besteht.

Die chemische Thätigkeit die auf dem mittelländischen Zuge Statt findet ist außerordentlich groß.

Sie zerfällt in zwei Hauptabtheilungen, eine worin die Erscheinungen mit Wärme und Feuer verbunden sind, eine zweite wo sie ohne Wärme und Feuer statt finden. Zur ersten gehören die mächtigen heißen Schwefelquellen, die wenigen heißen Solfataren, die Fumacchien und endlich die feuerspeienden Berge. Zur zweiten gehören die Schwefelseen, die vielen kalten Solfataren, die Salsen oder kleinen Schlammvulkane. — Will man fortfahren diese chemische Thätigkeit mit dem Namen der vulkanischen zu belegen, so muß man festhalten, daß es sehr große und ausgebreitete vulkanische Erscheinungen giebt, an denen das Feuer keinen Antheil hat, denn wir müssen die vielen nicht feuerspeienden, sondern kalten Schlamm auswerfenden Vulkane Amerikas, so wie die kleinen kalten Schlammvulkane des Modenesischen, von einer kalten Zersetzung und Gasentwickelung ableiten. Wir wissen durch Alexander von Humboldt wie groß die Erdbeben und Schlammergüsse in Amerika sind, indem eine einzige Erscheinung der Art 40,000 Menschen tödtete. — Daß die Solfataren dem Schwefel ihren Ursprung verdanken, ist durch eine Zusammenstellung mehrerer Beobachtungen, unwiderleglich jedoch durch eine Thatsache, nemlich die Solfatare und Schwefelgrube von Scansano, gezeigt.

Nachdem die großen Niederlagen und die chemische Thätigkeit auf denselben gezeigt war, fand sich daß alle bekannten Vulkane Italiens auf dem mittelländischen Zuge von brennbaren Stoffen liegen, und daß alle Erscheinungen derselben die auf den Stoff der das Feuer ernährt, schließen lassen, darin übereinstimmen, daß der Schwefel dieser Stoff sei. Auch sahen wir den Asphalt als Ursache der Salsen, so daß wir dem Schwefel und Asphalt den Ursprung aller Vulkane sehr wahrscheinlich zuschreiben können, da sich eines von diesen beiden bei den vulkanischen Gebirgsarten zeigt, und weil sie die brennbarsten Stoffe sind, die sich in den Gebirgen niedergelegt finden. Es zeigt sich überdem daß Schwefelkies und Steinkohlen, die man früher für diesen Stoff hielt, in viel zu geringer Menge dort vorhanden sind, um solche Erscheinungen zu unterhalten; daß jenem die Entzündung zuzuschreiben sei, und daß sich die chemische Thätigkeit dieser nur als Erdbrände zeige, weil die Steinkohlen zu schwer verbrennlich sind, um so rasche und heftige Erscheinungen zu erzeugen. — Nicht das Meer, sondern der Zutritt der Luft und des Wassers durch die Klüfte des Kalksteines begünstigen diese chemische Thätigkeit.

So geht mein Bemühen dahin, durch feste Thatsachen eine sichere Erforschung der Vulkane zu begründen. Um die vorhandene Schwefelniederlage nachzuweisen, mußte ich die vielen Orte an denen sich der Schwefel findet, die geognostischen Verhältnisse, und seine Beschaffenheit kurz und bestimmt angeben. Desgleichen waren die verschiedenartigen chemischen

Thätigkeiten genau und kurz anzuführen. Sollte der Leser bei den vielen einzelnen Thatsachen ermüden, so muß er bedenken, daß diese allein den Grund aller Forschungen ausmachen, und sich erinnern, welch langes und mühevolles Geschäft es für mich war, diese Thatsachen zu erforschen.

Nachschrift.

Um nicht selbst ein falsches Urtheil über meine Aeußerung gegen Brongniart bei Gelegenheit der Lagonen zu veranlassen, gebe ich hier die Stelle die hierauf Bezug hat aus seiner Abhandlung: Sur le gisement ou position relative des ophiolites, euphotides, jaspes etc. dans quelques parties des Apennins; Paris 1821.

Der Verfasser sagt S. 29: C'est dans ce calcaire que sont situés ce que l'on nomme les lagonis de Toscane. Leur description et l'indication de leur gisement sont étrangers à mon sujet. Cependant je ne puis m'empêcher de faire remarquer que les vapeurs d'eau bouillante qui sortent avec une violence extrême des fentes de ce calcaire, et qui contiennent l'acide boracique au nombre des substances qu'elles entraînent avec elles, ont leur source au-dessous de cette roche où au moins dedans. Comme on ne connâit, dans ce calcaire, ni ici ni ailleurs, aucun minéral qui puisse donner naissance à des phénomènes si puissans, si étendus, si généraux dans toute cette contrée, ni aux diverses matières qu'entraînent ces vapeurs, je présume qu'ils ont leur origine au-dessous de ce calcaire, et par conséquent que le terrain le plus nouveau dans lequel on puisse placer le foyer de ces phénomènes appartiendrait à la formation de transition.

Es ist oben gezeigt worden, daß es keine heißen Quellen sind, denen die Lagonen ihr Dasein verdanken. Aber eben so wenig sind es heiße Dämpfe. Denn aus den Oeffnungen wo sich kein Wasser ansammeln kann, so wie aus denen, an welchen bei trocknem Wetter das Wasser ganz ausgetrocknet ist (und dies geschieht an allen), strömt kein Dampf sondern heißes Schwefelwasserstoffgas hervor. Wo und wie sich die Boraxsäure bildet ist noch unbekannt; ob sie mit im Schwefelwasserstoffgas enthalten ist, oder in dem Erdreich das den Schlamm bildet. Berüksichtigt man die neuern Entdeckungen der Boraxsäure im Krater mehrerer Vulkane, so muß man schließen, daß sie mit dem Schwefelwasserstoffgas heraufgebracht wird.

Lehrreich ist es zu sehen, wie der Verfasser aus Mangel an Kenntniß vom Vorkommen des Schwefels gezwungen wird, zu unbekannten Gebirgen in unbekannter Tiefe seine Zuflucht zu nehmen, um diese Erscheinungen zu erklären. Wer die Schwefelniederlage von Scansano kennt, wird über die Lagonen und Fumacchien im Gebiet von Volterra in keinem Zweifel sein. Denn dort ist derselbe Kalkstein wie hier, auch sind die übrigen Verhältnisse gleich, der Quarz u. s. w.

Ich erwähne dies als einen neuen Beweis, daß nur allein durchgeführte Untersuchungen nicht nur die Hypothesen vernichten, sondern wenn man gleich zuerst den Muth dazu hat, gar keine Hypothesen aufkommen lassen, weil sie die Wahrheit zeigen, so weit wir auf dem jedesmaligen Standpunkt der geistigen Ausbildung Kraft haben sie zu fassen.

Beim Verleger sind auch folgende Bücher erschienen.

Raumer, von, Karl, Professor. Versuch eines A B C Buchs der Krystallkunde. 1. Bd. mit Kupfern. gr. 8. 1 rthl. 16 gr.

— — Nachträge zu dem A B C Buch der Krystallkunde, mit Kupfern. gr. 8. 4 gr.

— — Der Granit des Riesengebirges und die ihn umgebenden Gebirgs-Familien. Eine geognostische Skizze mit 1 illuminirten Karte. gr. 8. 1 rthl.

— — Das Gebirge Niederschlesiens, die Grafschaft Glatz, und eines Theils von Böhmen und der Ober-Lausitz, geognostisch dargestellt mit Karten, gr. 8. 3 rthl. 12 gr.

Schultz, Wilh. Bergrath, Beiträge zur Geognosie und Bergbaukunde. Mit Karten und Zeichnungen. gr. 4. 2 rthl. 12 gr.

Engelhardt, von, Moritz, Zur Geognosie. Darstellungen aus dem Felsgebäude Rußlands. 1ste Lieferung. Geognostischer Umriß von Finland. Mit Karten und Kupf. 1ste Lieferung. gr. Fol. 5 rthl. 16 gr.

— — und Karl von Raumer, Geognostische Versuche mit 1 illum. und 1 schwarzen Steintafel, und 1 illum. Karte. gr. 8. 2 rthl. 8 gr.

Engelhardt, von, Moritz und Karl von Raumer, Umrisse einer mineralogischen Geographie von Frankreich, Großbritannien, einem Theile Deutschlands und Italiens, mit 1 illum. Karte. gr. 8. 2 rthl. 20 gr.

Wackernagel, K., Netze zu Krystall-Modellen. Mit einer Vorrede von Karl von Raumer. 1. Heft. 12 gr.

Karsten, Dr., C. J. B., Archiv für Bergbau und Hüttenwesen. II. Bd. 2s Hft. 8. 1 rthl. — III. Bd. 1s Heft 12 gr. — 2s Heft 18 gr. — IV. Bd. 1s Heft 18 gr. — 2s Heft 1 rthl. — V. Bd. 1s Heft 1 rthl. 10 gr. — 2s Heft 1 rthl. 4 gr.

FSC
www.fsc.org
MIX
Papier | Fördert
gute Waldnutzung
FSC® C083411

Kolibri 360 GmbH
Ferdinand-Jühlke-Straße 7
99095 Erfurt, Deutschland
produktsicherheit@kolibri360.de